ROYALE CÉDULE
DE SA MAJESTÉ CATHOLIQUE,

SUR

LES REPRÉSENTATIONS DU CONSEIL,

APPROUVANT LA PROPOSITION FAITE

PAR LE SIEUR PIERRE PRADEZ,

Pour construire à ses frais, & de sa Compagnie, un Canal d'Arrosage & Navigation, avec les eaux des Rivieres Castril, Guardal & autres, pour pouvoir arroser & rendre fécondes les Campagnes de Lorca, Totana, & autres du Royaume de Murcie, de la maniere qui y est expliquée.

ANNÉE 1775.

MADRID,

A l'Imprimerie du Sieur PIERRE MARIN.

ROYALE CÉDULE

DE SA MAJESTÉ CATHOLIQUE.

CHARLES, PAR LA GRACE DE DIEU, Roi de Caſtille, de Leon, d'Arragon, des Deux-Siciles, de Jéruſalem, de Navarre, de Grenade, de Tolede, de Valence, de Galice, de Majorca, de Séville, de Sardaigne, de Cordoue, de Corſe, de Murcie, de Jaen, des Algarves, d'Algecire, de Gibraltar, des Iſles de Canarie, des Indes Orienrales & Occidentales, Iſles de Terre ferme de la mer Océane, Archiduc d'Autriche, Duc de Bourgogne, de Brabant & Milan, Comte d'Abſpourg, de Flandres, Tirol & Barcelone, Seigneur de Biſcaye & de Moline, &c. A ceux de mon Conſeil, Préſidens & Auditeurs de mes Audiences, Juges, Huiſſiers de ma Maiſon, Cour & Chancelleries; & à tous les Échevins, Aſſiſtans, Gouverneurs, Juges Majors & ordinaires, autres Juges & Juſtices, Miniſtres & Perſonnes de toutes les villes, bourgs & villages de mes Royaumes, tant Royaux, comme Seigneuriaux & Abbatiaux, qui ſont à préſent & qui ſeront à l'avenir, auxquels le contenu en ma préſente Royale Cédule, concerne ou concerner puiſſe, en quelle maniere que ce puiſſe être: Sçavoir faiſons, qu'aux temps des Seigneurs Rois Philippe II, Philippe III, Philippe IV, mes Ancêtres, & en celui de mon glorieux Pere & Seigneur Philippe V, on intenta de conſtruire un Canal, avec les eaux des rivieres de Caſtril, Guardal & autres, pour pouvoir arroſer & rendre fécondes les campagnes de Lorca, Totana, & autres du Royaume de Murcie. Les reconnoiſſances qui furent faites, & plans levés à cet effet, ainſi que la vérification des eaux & terreins par où le Canal devoit paſſer, nivélations, états du coût des ouvrages pour lors projettés, & leur importance, accréditerent la ſûreté de leur exécution, & les grands bénéfices qui en réſulteroient, non ſeulement aux villes de Murcie, Lorca, Carthagene, & beaucoup d'autres endroits compris dans ce vaſte territoire, mais qu'il s'étendroit auſſi ſur toute la Monarchie, & au Royal Patrimoine, les inſtances réitérées par leſquelles ces villes manifeſterent la triſte ſituation de leurs Habitans, qui ne pouvoient point obtenir, par le défaut des pluies, les abondantes récoltes qu'offroit leur fertile terrein, aidé par l'avantage des arroſages, trouverent toûjours la plus grande protection & encouragement en mes Ancêtres, afin que les ouvrages projettés euſſent leur effet, ayant confié au zele des Miniſtres de leur Conſeil, les plus en crédit, & autres qui s'en occuperent, de faciliter les opérations. Les conjonctures délicates & embarraſſantes, qui mériterent dans ces temps-là la premiere attention des Seigneurs Rois mes Ancêtres, firent ſuſpendre une entrepriſe auſſi avantageuſe & deſirée; mais néanmoins la mémoire de ſon importance s'eſt toujours conſervée; le ſieur Pierre Pradez ayant voulu la mettre à profit, ainſi que la diſpoſition de trouver les fonds néceſſaires pour entreprendre & conclure ledit Canal, il recourut à ma Royale Perſonne, le 30 Septembre 1770, demandant que je daignaſſe admettre la propoſition qu'il faiſoit de ſe charger de la conſtruction dudit Canal, en lui permettant, avant toutes choſes, que l'Ingénieur Hydraulique Hollandois, ſieur Cornelius-Jean Krayenhoff, accompagné dudit Pradez, des Experts, & autres perſonnes néceſſaires que nommeroient les villes & villages reſpectifs par où devoit paſſer le Canal, il fût reconnoitre leurs terreins, meſurer leurs eaux, lever les plans du projet, & pratiquer toutes les opérations qu'il jugeroit convenables pour la plus grande ſûreté & moindre coût des ouvrages, en lui

A 2

remettant, pour cet effet, les plans levés en 1618, 1741 & 1742, avec les documens, papiers & notes qui les accompagnoient : & comme j'écoute avec la plus grande bénignité toutes les propofitions qui me font faites, dirigées au bien de mes Vaffaux, j'admis celle du fieur Pierre Pradez, & l'ayant remife au Confeil, oui mon Fifcal, j'ordonnai au fieur Matthieu Bodopich, Colonel de mes Armées & Commandant d'Ingénieurs à Carthagene, qu'il manifeftât à l'Ingénieur Hydraulique Krayenhoff, les plans originaux qui exiftoient en fon pouvoir, levés par le fieur Sébaftien Séringan, les années 1741 & 1742, afin qu'il les vît à fa fatisfaction, & en prît les copies qu'il voudroit, & le fieur Bodopich lui communiquant les lumieres & renfeignemens qu'il auroit fur cet objet. Le Confeil, en fe conformant en tout à mes Royales intentions, ordonna d'expédier l'ordre Auxiliatoire en faveur de Krayenhoff, donnant d'ailleurs les ordres & avis qu'il eftima néceffaires, aux Juftices du Royaume de Murcie. L'Ingénieur Krayenhoff ufant de ces facultés, avec les plans, papiers & notices dont il eft parlé, procéda à la reconnoiffance mentionnée, & à caufe de fon abfence, elle fut continuée & conclue par l'Ingénieur Hydraulique, fieur François Boizot, autorifé par égale permiffion. Les Habitans des villes de Murcie, Carthagene, Huefcar, Lorca, & autres lieux, qui voyoient de plus près leur reftauration dans les promptes opérations de ces Ingénieurs, repréfenterent à mon Confeil leurs vifs defirs de les voir continuer; le fieur Pierre Pradez ayant le même zele, traita & convint, d'accord avec mes Fifcaux, les pactes, conditions, privileges & graces, & la façon que devoient s'entendre & s'approuver les propofitions qu'il avoit faites de conftruire ledit Canal d'arrofement, l'empliant nouvellement à ce qu'il fût auffi de navigation dans les mêmes campagnes de Lorca, & autres du Royaume de Murcie, jufqu'à l'entrée du port de Carthagene, en fuivant la direction & cours démontré au plan formé par ledit Ingénieur François Boizot, faifant les variations convenables pour la plus grande fûreté & moindre coût des ouvrages, fuivant la divifion en morceaux ou parties proportionnées au terrein & fa fituation, de la maniere qu'il eft accordé & convenu, felon le jugement des Ingénieurs qui doivent être préfens & les faire exécuter; ces propofitions vues & examinées par mon Confeil, avec la mûre réflexion qu'il obferve, & requiert l'importance de l'objet, les renvoya à ma Royale Perfonne avec fon avis, auquel me conformant, je trouvai à propos d'approuver lefdites propofitions & projet, avec les additions, limitations, & explications que je fis à quelques-uns des articles, & avec les autres précautions que j'ordonnai au Marquis de Grimaldi, mon premier Secrétaire d'État, qu'il communiqua avec diftinction au Confeil, & conformément à icelle, fe forma & dépêcha ma Royale Cédule d'approbation, du premier Septembre 1774. Cependant, le fieur Pierre Pradez, avant d'en ufer, me repréfenta, tant en fon nom qu'en celui de fa Compagnie, la néceffité de varier quelques articles de ceux contenus dans madite Royale Cédule, du premier Septembre 1774, qui n'alterent point l'effence des pactes, conditions, privileges & graces du contrat, par les motifs qu'il expofa dans fon mémoire du 11 Janvier de cette année; lequel je remis à mon Confeil, avec les plans & documens qui l'accompagnoient, ainfi que le demandoient les mêmes Intéreffés, afin qu'entendant mes Fifcaux, il me fît part de ce qu'il eftimeroit convenable, favorifant ce projet en tout ce qui n'occafionneroit point de préjudice notable, pour qu'un ouvrage abfolument néceffaire pour la population de ce Royaume eût fon effet; vu & examiné par ceux de mon Confeil, les articles nouvellement propofés par le fieur Pierre Pradez, ainfi qu'on le voit fur le plan, avec l'expofé de mes Fifcaux, ils les trouverent conformes à équité & juftice; & à l'efprit de mes intentions, ayant mérité mon approbation en toutes fes parties, j'ordonnai expédier ma Royale Cédule, avec infertion des articles relatifs aux ouvrages du Canal, fa direction & cours, ceux du contrat paffé avec les fieurs Pierre Pradez & Compagnie, billets d'Emprunt en rentes viageres, plan de diftribution & fort des rentes deftinées aux Intéreffés au prêt, qui à la lettre font comme ils fuivent.

I. A l'orient de la montagne Seche, naiffent les fources des fontaines haute (3)

& baffe (4) de la riviere Guardal, dont les eaux doivent être introduites dans le Canal; à cet effet on établira une prife (3) fous la naiffance de la fontaine haute, pour reverfer & joindre les eaux de cette fontaine avec celles de la baffe; & l'on introduira, par le moyen d'une autre prife (4), les eaux de ces deux fontaines ainfi réunies, dans le Canal qui commencera immédiatement à cette feconde prife.

II. Le Canal de navigation devant commencer à cet endroit, au pied de la montagne qui fe trouve la plus commode pour le tranfport des bois; on y établira un Baffin de conftruction pour les barques qui doivent fervir à la navigation : au fortir de ce Baffin le Canal prendra fa route, à découvert, en côtoyant dans un efpace de 613 toifes un rocher (7) que l'on a coupé anciennement, & qu'il faudra remettre en état, en faifant au côté droit du Canal, une muraille pour le foutien des eaux, jufqu'à la petite vallée de Rallon (7. 8. 9.).

III. On trouve en entrant dans cette vallée un bon terrein, qu'on appelle les Foffars, & l'on profitera environ l'efpace de 1000 toifes de l'ancienne efcavation (78), dont on s'écartera pour éviter un mauvais terrein (8. 9. 5.) & fujet à des filtrations : pour cet effet on préfere d'ouvrir une tranchée (8. 5.) de 772 toifes de long, dans un bon terrein, dont les terres ferviront à établir les francs bords & digues de jonction avec l'Aqueduc (5) qui doit paffer les eaux du Guardal par deffus le ruiffeau Raygades.

IV. Pour introduire les eaux du ruiffeau de Raygades dans le Canal, on établira au-deffus de l'Aqueduc (5), & dans la partie fupérieure du Raygades une prife (6), qui les conduira au grand Canal, par un petit de 255 toifes de long, & fix pieds de large.

V. Au fortir de l'aqueduc de Raygades, le Canal entrera dans une mine (I. K.) de 1150 toifes de long, fous la côte de Sabinar, & fortira dans le territoire fiqué au point (H), qui eft auffi le point où doit fe réunir la branche du Canal qui doit amener la riviere Caftril.

VI. Au couchant de la montagne Seche, & à 2000 toifes environ au deffous de la naiffance (I) de ladite riviere Caftril, on établira une prife (A) qui reverfera les eaux de ladite riviere, & de deux autres petits ruiffeaux (B. C.) dans un Canal de 12 piés de large, en côtoyant la rive gauche de la riviere : on prendra auffi la partie fupérieure d'un troifieme ruiffeau (D), lequel étant trop éloigné de celui (C) pour lui être réuni par la rive droite de la riviere, il faudra le paffer par deffus le Caftril avec un aqueduc en bois par rapport à fon élévation & le jetter ainfi dans le Canal principal qui aura de long depuis la prife (A) 3000 toifes jufqu'au chemin du magafin Royal des gaudrons (E), dans la campagne de Tubos.

VII. Le Canal fuivra dans ladite campagne de Tubos, & recevra les eaux de la petite fontaine du même nom; on pratiquera en face de l'entrée de cette fontaine, une fortie pour qu'elle puiffe arrofer, comme auparavant, le furplus de ladite campagne, & plus bas les jardins du village de Caftril : on pourra auffi prendre les eaux de cette fontaine, & pour ne point fupprimer, aux jardins de Caftril, l'arrofage dont ils jouiffent; on y pourra conduire, par un Canal particulier, la partie baffe du ruiffeau (D), que l'on ne peut pas introduire dans le grand Canal, mais qui a cependant affez de hauteur pour arriver aux jardins dudit village.

VIII. En fortant de la campagne de Tubos, on dirigera le Canal vers le midi (F. G.) de la montagne de Duda jufqu'au levant (G) de ladite montagne, pour traverfer, avec un aqueduc (G), la riviere Guardal, & continuer au couchant de la colline de Marmolance pour entrer dans la campagne fiqué, & fe réunir immédiatement avec le Canal du Guardal au point (H) aura de long 12800 toifes, fur douze pieds de large.

IX. Après la réunion de ces deux branches du Guardal & Caftril, on traverfera la campagne fiqué dans un bon terrein (H. L.) de 1050 toifes de long, & l'on prendra, en paffant, les eaux de la petite rigole de Torralba, en pratiquant en face de l'entrée de cette rigole, une fortie ou réfervoir pour rendre à Torralba fon arrofage dans le temps convenable.

X. Depuis le point (L), le Canal cotoyera, au levant, midi & couchant, la montagne du Mort, 4801 toiſes de long, juſqu'au point (N), où commence un grand pont aqueduc (N. O.), pour traverſer la vallée de Jubrena; on évite par ce moyen un très-grand tour (N. 15. O.), & dans un très-mauvais terrein; à ce même point (N), on recevera les eaux de la fontaine Montilla & de la riviere Brabata, en conſtruiſant en face de cette entrée un réſervoir pour l'arroſage de la campagne & jardins de Hueſcar; pour obtenir toute l'augmentation d'eau poſſible, tant de cette fontaine de Montilla que de la rigole de Torralva, on nétoyera les conduits & rigoles qui amenent ces eaux depuis la montagne de Hueſcar, & l'on fera de plus tous les ouvrages néceſſaires à leur conſervation & augmentation.

XI. Après le pont aqueduc (N. O.) le Canal ſuivra, en côtoyant le couchant & midi de la montagne Jubrena juſqu'au point (P), qui eſt l'endroit où l'on établira un baſſin d'embarquement général pour la communication de l'Andalouſie, avec le royaume de Murcie, & toute la côte, juſqu'en Catalogne.

XII. Au ſortir du baſſin d'embarquement (P), le Canal entrera dans la campagne Vjejar, ou l'on trouve une chûte, que l'on diviſera en trois ou quatre écluſes, les terres & fouilles de l'emplacement deſdites écluſes ſeront tranſportées, pour paſſer le Canal avec ſes francs bords, dans un bas qui eſt à la ſuite deſdites écluſes : le Canal de navigation paſſera au nord & couchant (Q. Q. R.) de la campagne de Vjejar, par un bon terrein neuf, juſqu'auprès des maiſons de Vjejar, au point (R) pour entrer dans la mine de Topares deſſous la vallée du Théatin : avant d'arriver aux ſuſdites écluſes à l'entrée de la campagne de Vjejar, on fera un réſervoir pour un petit Canal d'arroſage dans la partie haute (18. 20. 22.) de ladite campagne, depuis le point (H) de réunion des deux branches du Caſtril & Guardal, juſqu'à l'entrée de ladite mine de Topares; le Canal aura de long 20700 toiſes, & un profil de 20 pieds de large réduit ſur ſix pieds de profondeur, avec les rigoles & contre-foſſés au franc bord ſupérieur, pour conduire les eaux des montagnes vers les aqueducs ou buſes néceſſaires par deſſous le canal.

XIII. Le Canal entrera enſuite dans la mine de Topares, deſſous la vallée du Théatin, ce point étant le paſſage le plus court & moins élevé de toute la chaîne de montagne qui ſépare l'Andalouſie d'avec le royaume de Murcie, qui donnera le plus de facilité poſſible pour l'excavation des puits & lucarnes néceſſaires à l'exploitation de cette mine, qui aura 5500 toiſes de long, & ſortira au point (S) au commencement du grand ravin dont les eaux vont par leur pente naturelle ſe rendre aux campagnes de Lorca & Murcie.

Par cette diſpoſition naturelle du terrein, on pourra devancer l'arroſage dans les compagnes de Lorca & Totana; car attaquant ſeulement l'ouvrage de la partie du Guardal dans toute ſon étendue depuis ſa naiſſance (3. 4.) juſqu'à la ſortie des eaux dans le grand ravin, on l'y amenera en trois ans, par ce moyen les eaux couleront naturellement dans ledit ravin, & commenceront à ſecourir ces pays perdus depuis long-temps par les ſéchereſſes qu'ils ont ſouffertes; arroſage proviſionnel qui peut ſuffire pour une étendue de terrein d'environ cent mille fanegues; pendant que l'on profitera, par anticipation, de cet arroſage, on attaquera la branche du Canal du Caſtril, le Canal principal & les réſervoirs depuis la ſortie de la mine dans le grand ravin juſqu'à la priſe (I) près de Lorca; & pour faciliter la conſtruction, à ſec, des murs des réſervoirs du grand ravin, on commencera à élever ces murs juſqu'à la hauteur des plus hautes eaux, dans le même temps qu'on fera l'excavation de la partie de Guardal, en réſervant les arches & portes néceſſaires pour le libre paſſage deſdites eaux; enſuite, après avoir fini & terminé les murailles des réſervoirs, on fermera les portes & paſſages pour mettre en réſerve les eaux, de façon cependant qu'il en paſſe toujours la quantité néceſſaire à l'arroſage, & que dans le temps des acrues on puiſſe ſe débarraſſer de l'excédent.

Cette partie de Canal, depuis la ſortie de la mine dans le grand ravin juſqu'à la prife (I), auprès de Lorca, aura de long 21000 toifes ; mais il faut faire attention que les réfervoirs ferviront, non-feulement, à retenir les eaux pour les temps de féchereffes de l'été, mais encore à faciliter la navigation dans un terrein fi difficile, car les eaux étant retenues de niveau, les barques navigueront dans ces baffins fans qu'il foit befoin d'un Canal exprès pour la navigation, lequel feroit, pour ainfi dire, impraticable à caufe de la dureté du terrein, dans certaines parties, & les éclufes placées & réfervées dans lefdites murailles ferviront à la communication d'un baffin à l'autre.

XIV. Dans cette partie du grand ravin, en arrivant au réfervoir (D), à la rive droite, eft la jonction du ruiffeau de Maria (49.), au pied du réfervoir (H), naiffent les fources de Luchena, & à la rive gauche, à 1800 toifes plus bas, fe joignent les eaux de la riviere Turillas (48.) lequel aura reçu dans fon lit les eaux des fources de la campagne de Carabaca (31. 32.), ces eaux fe joindront à Turillas moyennant une mine de 1200 toifes de long, deffous la côte de Lorca ; les puits & veftiges des fouilles qui furent faites anciennement, annoncent un bon terrein & une excavation aifée : cette branche de Canal, pour la réunion defdites eaux, aura de long 1812ʒ toifes.

XV. Depuis la prife (I) auprès de Lorca, toutes les eaux fe trouveront affemblées dans le Canal de navigation, il aura de long 7ʒ00 toifes, avec un profil de 216 pieds en côtoyant la rive gauche de la riviere, jufqu'à l'entrée des campagnes (M. N.) de Lerna & Sarrata, en fuivant par la partie fupérieure defdites campagnes qu'il arrofera, il entrera au point (O), dans une petite mine (O. P.), de 900 toifes de long deffous le côteau de Saint-Clément. Il faut ouvrir cette mine préférablement à paffer le Canal par le fauxbourg Saint-Chriftophe de Lorca, qu'il faudroit détruire prefque en entier.

XVI. Au fortir de la mine de Saint-Clément (O.P.), on fera un autre baffin d'embarquement, ou entrepôt pour favorifer le commerce de la ville de Lorca, & de ce baffin fortiront deux branches, l'une, dirigée aux jardins de Lorca, enveloppera toute la campagne (26. 26. 27.) de ladite ville, & finira fon cours au - delà du territoire de Fuente Alamo, au pied de la montagne Saladillo ; cette branche aura de long, ʒ0000 toifes, & paffera, moyennant les aqueducs néceffaires, par deffus la riviere de Lorca, & traverfera auffi, dans le refte de fon cours, fix autres grands ravins ; fçavoir, au midi ceux de Los Penones de la Torrecilla, de Vejar & de Nogante ; & au Nord ceux Depurias, & de la Pinilla : fon profil ira toujours en diminuant, puifqu'elle doit, comme il eft dit, achever fon cours au pied de la montagne de Saladillo, & qu'elle ne doit fervir que pour l'arrofage.

L'autre branche qui fervira à la navigation, côtoyant jufqu'à Totana, aura de long 9600 toifes, & traverfera le ravin de Lebor & quelques petites fondrieres dont on fera paffer les eaux deffous le Canal par les rigoles, contre-foffés & bufes ou aqueducs néceffaires.

XVII. Depuis Totana le Canal Royal de navigation & arrofage fuivra jufqu'aux hauteurs de Alamo 4900 toifes ; on fera à ce point une divifion en deux autres branches, l'une (T. 40.), qui paffera par la Jurifdiction de Levrilla, & achevera fon cours dans la partie au nord de la campagne de Murcie ; l'autre (T, 9), de fix mille deux cens cinquante toifes de long, qui fera celui de navigation, defcendra au territoire de Fuente-Alamo, au-deffus du village, pour entrer, en côtoyant le mont Carafcoy, dans la campagne de Murcie, au point (V).

XVIII. En entrant dans la campagne de Murcie, il faut faire une autre divifion (V) en deux branches, l'une (V. X. Y.), qui, en côtoyant le midi du mont Carafcoy jufqu'à fa décharge dans la mer Mineure, arrofera le midi de ladite campagne, & aura 12ʒ00 toifes de long ; l'autre branche, qui fera de navigation & arrofage pour la partie de la campagne de Carthagene, côtoyera, au levant, la montagne du Saladillo, & paffera par deffus le ravin de Fuente-Alamo, & celui de ladite montagne du Saladillo ;

il s'étendra jusqu'aux hauteurs de Saint-Antoine, qui féparent la campagne de Carthagene d'avec fes jardins, & aura de long onze mille deux cens cinquante toifes.

XIX. A ce point, on fera une divifion (C. L.), pour fuivre la navigation jufqu'au
port de Carthagene 3125 toifes de long, & l'autre branche achevera l'arrofage de
ladite campagne, en côtoyant les hauteurs jufqu'auprès du Couvent de Saint Ginès,
& fuivant jufqu'à fa décharge dans la mer au cap de Palos, 9575 toifes, faifant en
tout 12700 toifes de long.

XX. Les rivieres & fontaines énoncées ci-deffus, étant fuffifantes pour l'arrofage
propofé, on ne parle point de la riviere Gualantin (39), mais étant affurés, par
la derniere reconnoiffance qui vient d'être faite pour lever le plan actuel d'ordre du
Confeil, de la certitude de pouvoir joindre au Canal principal (F. H.), la partie fupérieure (37. 38. 39. (F.) de cette riviere, qui donne 80000 pieds cubiques d'eau par
heure, & de la poffibilité d'augmenter & conduire la branche (T. 40.), jufqu'aux
campagnes de Murcie, Orihuela, Elche, qui aujourd'hui n'ont point d'arrofage; la
Compagnie pourra me propofer féparement, & après la conclufion du préfent
Projet, les moyens d'arrofer les campagnes defdites trois Villes, avec cette partie du
Gualantin (37), & les eaux excédentes du Projet actuel, que l'expérience apprendra en
quoi elles confiftent.

XXI. On pratiquera dans les francs bords des branches principales, les réfervoirs,
conduits, épanchoirs en màçonnerie avec leurs éperons & murs en ailes d'entrée &
de fortie, les portes & vannes néceffaires proportionnées à l'étendue des terres arrofables, pour ouvrir ou fermer la communication des faignées & rigoles d'arrofage,
conformément au plan qui fera fait de la quantité & diftribution des eaux, felon l'é-
tendue des terres arrofables.

XXII. Comme les branches principales du Canal & autres branches d'arrofage doivent
couper les grands chemins, on conftruira les ponts néceffaires pour leur communication; ces ponts feront d'une arche, & d'une longueur proportionnées aux chemins,
bien entendu que cette largeur n'excédera point celle qu'exige le paffage de deux
voitures, & dans les autres petits chemins on les fera fuivant la largeur defdits chemins: ces ponts auront leurs garde-fous de deux pieds & demi de haut, le tout en
bonne maçonnerie, & fondés fuivant l'art & la difpofition du terrein.

XXIII. Il réfulte des conditions ci-deffus expliquées, que le Canal de navigation
commencera à la fontaine baffe (4) du Guardal, & finira au port de Carthagene,
obfervant que la navigation la plus confidérable pour le commerce des deux Provinces, commencera au baffin d'embarquement de Huefcar, le furplus de la navigation, depuis le point (P) jufqu'au point de réunion (H) de Caftril & Guardal, &
chacune de ces deux branches, jufqu'à leur naiffance, ne devant fervir que pour la
defcente des bois & autres productions des montagnes. Ce Canal de navigation aura
de long 95310 toifes, qui font près de 28 lieues, de 24 mille pieds de Caftille chaque,
depuis la fontaine baffe de Guardal jufqu'à fa décharge à la mer dans le port de
Carthagene (X); les autres branches du Canal, qui font celles pour les eaux de
Caravaça; celles pour l'arrofage de la campagne de Lorca, & partie au nord des territoires de Totana & Fuente-Alamo; celle pour l'arrofage au midi de la campagne de
Murcie; celle pour l'arrofage au nord de la campagne de Carthagene, depuis les hauteurs de S. Antoine, jufqu'au Couvent de S. Ginès & cap de Pelos: & enfin, celle qui
depuis la divifion faite au point (T. 40.), ira au nord de la campagne de Murcie;
lefquelles doivent fervir, tant à la réunion & conduite des eaux qu'à leur diftribution,
auront enfemble 111125 toifes de long, ou environ 32 lieues & demie, de 24 mille
pieds Caftillans. Dans le cours dudit Canal de navigation & des branches principales
de réunion & diftribution des eaux; il a y dix-neuf aqueducs, qui auront chacun le
nombre d'arceaux néceffaires à la largeur des ravins qu'ils doivent traverfer; plufieurs
voûtes en égout, & bufes, pour paffer les eaux fauvages des montagnes par deffous
ou par deffus le Canal, fuivant le cas, en affujettiffant & conduifant lefdites eaux par

des

des rigoles & contre-foffés à pied d'œuvre, & par les levées néceffaires; le nombre des ponts pour les grands chemins & communication des villages, ne peut être fixé qu'au temps de l'exécution, ce qui fe fera avec prudence & réflexion; cinq prifes avec leurs réfervoirs & petites maifons de Gardes; fix points de partage ou divifion pour les branches principales dans le grand ravin, neuf murailles ou réfervoirs, avec les éclufes proportionnées à leur hauteur, pour faciliter la navigation; les réfervoirs, conduits & épanchoirs pour la communication des faignées d'arrofages, ne peuvent fe déterminer qu'au temps de l'exécution.

XXIV. Les eaux du Canal pourront arrofer, par an, plus de 300 mille fanegues de terres, de 4800 varres fuperficielles chacune, & felon la difpofition des branches principales du Canal Royal, il embraffera au moins 450 mille fanegues de terre arrofable; quoique les terres fe repofent de trois années une, pour en obtenir de plus copieufes récoltes, il s'arrofera toujours annuellement plus de 300 mille fanegues de terrein.

XXV. Tous ces ouvrages doivent être conftruits & finis précifément dans le terme de dix ans, qui commenceront à compter fix mois après la date de ma préfente Royale Cédule.

XXVI. N'étant pas poffible de prévoir tous les inconvéniens qui peuvent arriver pendant l'exécution defdits ouvrages, defirant les fieurs Pierre Pradez & Compagnie, leur plus grande fûreté & bonne réuffite, & que les fonds deftinés à cette importante entreprife y foient employés utilement, ils font convenus de ce que me propoferent mes Fifcaux, qui eft, qu'avant de commencer les ouvrages du Canal projetté, il doit précéder une nouvelle reconnoiffance, nivelations & calculs plus exacts, qu'exécutera l'Ingénieur que je nommerai, ou mon Confeil, accompagné du fieur François Boizot, & fur le plan & defcription que ce dernier a formés, fur lefquels ont été réglés les 24 articles inférés dans ma préfente Royale Cédule.

XXVII. Ces opérations finies à la premiere partie ou morceau, fuivant que les ouvrages feront fubdivifés, la Compagnie pourra les commencer & continuer jufqu'à leur conclufion, & en attendant lefdits Ingénieurs feront fucceffivement les mêmes reconnoiffances, nivelations & calculs, par morceaux ou parties, felon qu'ils le jugeront convenable, & le permettra la fituation du terrein, afin que l'exécution des ouvrages ne foit point retardée, & qu'on évite le préjudice qui en réfulteroit à la Compagnie & au Public.

XXVIII. Lefdites opérations étant arrêtées de conformité, felon les refpectives parties, l'exécution & économie des ouvrages doit librement appartenir à la Compagnie, fous la direction de l'Ingénieur fieur François Boizot, ou de celui qui lui fuccéderoit; l'autorité de mon Confeil devant uniquement s'employer à fomenter les ouvrages, afin qu'ils s'exécutent avec exactitude & intelligence, évitant tous abus contraires à ladite Compagnie, & au bien public, prenant à cet effet toutes les précautions qu'il eftimera convenables, ainfi qu'il étoit convenu au chapitre 81 de la Royale Cédule, du premier Septembre.

XXIX. Si les deux Ingénieurs n'étoient point d'accord fur la nivelation & direction du Canal en quelque partie, ils expoferont au Confeil les motifs, raifons & calculs avec clarté, fur lefquels ils fondent leurs opinions, afin qu'avec les inftructions que le Confeil eftime néceffaires, & la plus grande célérité, il détermine ce qui lui paroîtra convenable, expédiant cette affaire par préférence à toutes autres, à caufe de l'intérêt du bien public, & pour éviter les dommages qui réfulteroient de la moindre fufpenfion des ouvrages.

XXX. Suivant les dimenfions de la largeur du Canal, expliquées dans les conditions de fa conftruction, j'accorde à Pradez & Compagnie, cinquante vares Caftillanes de chaque côté du lit du Canal; & en outre, fix autres vares, trois de chaque côté, lefquelles fe confiderent néceffaires pour dépofer les décombres du Canal; & lefdites cinquante vares de chaque côté du Canal, pour établir des pépinieres d'arbres, & par

B

se moyen en faciliter & animer la plantation & culture dont le pays eſt dépourvu; comme auſſi, en uſer pour d'autres choſes utiles, les entourer de murs ou haies vives, pour préſerver & conſerver leſdites plantations, ſans autre condition ou indemnité en faveur des maîtres ou propriétaires deſdites terres, que de leur en payer la valeur aux termes contenus dans l'article ſuivant.

XXXI. Pradez & ſa Compagnie auront l'ample faculté d'unir & réunir quelles eaux que ce puiſſent être & dont ils auront beſoin pour la navigation & arroſages, & de les introduire dans leur Canal de la maniere & à l'endroit qu'ils trouveront convenables, ſoit des rivieres, ruiſſeaux, dépôts, réſervoirs & fontaines, ou de toute autre maniere, deſquelles on n'aura pas fait uſage juſqu'à préſent; & perſonne ne pourra les empê- cher de diriger & conſtruire leſdits canaux de navigation, par les endroits & territoires qui leur ſont le plus convenables, ſoit qu'ils ſoient propres de ma Couronne, de Sei- gneuries, Mayoraſques, Communautés eccléſiaſtiques & ſéculieres, Œuvres pieuſes, ou de quelques autres particuliers de quelle claſſe & condition qu'ils ſoient, avec pri- vileges ou ſans privileges, mais ſans préjudice du droit des actuels arroſans, fontaines & abreuvoirs. Les terres en friches, royales, municipales, communes & dépeuplées, moyennant que cet ouvrage tourne au bénéfice de l'Etat en général & en particulier de mon royal Patrimoine, & aux Peuplades immédiates, ſeront libres & franches, ſans que, pour raiſon deſdites terres, on puiſſe en rien faire payer aux Entrepreneurs. Celles qui appartiendront à des particuliers & ne ſont point des Claſſes déſignées, tant labourées que plantées de vignes, d'arbres, ou occupées par des maiſons qu'il convînt détruire pour le paſſage du Canal, & le terrein néceſſaire des deux côtés pour ſa conſervation, ſeront taxées par des Experts nommés par les Parties, & en outre des dommages qu'on occaſionneroit; & le total montant, ſera hypothéqué & impoſé en rentes rachetables ſur ledit Canal, à l'intérêt de trois pour cent annuel, en faveur des Intéreſſés; lequel intérêt la Compagnie paiera annuellement pendant le tems qu'elle jouira des revenus du Canal, & enſuite, moyennant que la propriété doit être réunie à mon royal Patrimoine; leſdits intérêts ſeront payés par celui qui en aura la jouiſſance, & il ne ſera point empêché ni retardé à la Compagnie les cours & ſuite des ouvrages par les conteſtations qui pourroient s'élever ſur la différence du prix qu'il pourroit y avoir dans les taxations ou autres queſtions entre les Parties intéreſ- ſées, ni pour aucuns autres motifs, la déciſion privative eſt réſervée à mon Conſeil de tous les différends qui ſurviendront; de cette maniere s'applaniront toutes les diffi- cultés & diſputes qui pourront s'élever par où le Canal ou canaux doivent paſſer; & les Entrepreneurs indemniſeront les particuliers des dommages, ſuivant qu'il eſt expliqué dans cet article, n'étant pas poſſible à une Compagnie de Particuliers de vaincre tous les obſtacles de ſemblables ouvrages, ſans cette royale protection & appui.

XXXII. Attendu que pour ces canaux de navigation & d'arroſage l'on doit prendre les eaux ſuffiſantes du lit qu'ont actuellement les rivieres, ſur leſquels, ou autres qu'elles eurent auparavant, il ſe trouveroit quelques veſtiges de moulins, foulons, ou autres ouvrages ruinés & ſans uſage. Les maîtres de ſemblables moulins ou autres édifices d'eau qui auront été ſans uſage depuis dix ans juſqu'à ce jour, quoique quand ils ſe conſtruiſirent, ce fût avec privileges royaux, ils ne pourront demander à cette Com- pagnie aucuns dommages, ſous prétexte qu'elle leur a ôté les eaux pour ſes canaux, ni pour aucuns autres motifs, attendu que les rivieres étant du Public, & leurs édi- fices ſe trouvant en ruine & ſans uſage, on doit les regarder comme abandonnés & à titre de veſtiges, ce qui eſt une preuve de leur abandon, & il n'eſt pas juſte d'em- pêcher d'autres ouvrages qui ont pour but la félicité du Royaume; la Compagnie paiera ſeulement les terreins qu'elle occupera appartenant à des particuliers, ou l'in- térêt, comme il eſt expliqué à l'article précédent; elle paiera de même les intérêts de la valeur des moulins, foulons, &c. qui ſeront courans, & qu'elle rendroit inu- tiles, en leur ôtant les eaux pour ſes canaux.

XXXIII. Pour éviter les préjudices qu'il pourroit réfulter au Public par le défaut defdits moulins, la Compagnie conftruira ceux qui feront néceffaires, aux endroits les plus convenables, afin que le Public puiffe être fecouru.

XXXIV. En conféquence de ce qui eft dit, & attendu qu'aux fources immédiates à la riviere Guardal, connues fous le nom de Canal de Torralva, Fuente, Montilla, & les fept fontaines du territoire de Carravaca, l'on profite d'une partie de ces eaux pour l'arrofage de quelques particuliers qui s'en difent les maîtres, la Compagnie ufera de toute cette eau, fans autre obligation que de leur fournir la même portion dans le tems & maniere dont ils en ont ufé jufqu'ici pour leurs arrofages.

XXXV. Par la même raifon, & attendu que dans le territoire de Lorca, aux fources appellées les Yeux de Luchena, il fe perd une grande partie de leurs eaux; & l'autre eft employée par des particuliers qui s'en difent les maîtres, vendant publiquement à l'encan la partie qui arrive à la ville; la Compagnie aura la libre faculté de la prendre & en ufer, en payant aux véritables maîtres le prix qu'il conftera par les livres deftinés à cet effet, qu'elle aura valu annuellement, pendant les dix dernieres années, dont on fera une année commune du dixieme, laquelle preuve fe fera avec citation des Intéreffés & de la Compagnie, pardevant le Juge du Canal, la Compagnie payant annuellement la rente aux Intéreffés, qui fera hypothéquée fur ledit Canal; ladite rente qui fera payée auxdits particuliers, fera réglée fur le droit qu'ils auront auxdites eaux, avec connoiffance de caufe, & fans préjudice de tiers.

XXXVI. Pradez & fa Compagnie pourront prendre le bois néceffaire pour les échaffaudages, comme auffi pour les pillots, planches, &c. pour l'établiffement & conftruction des chauffées, vannes, éclufes, moutons, martinets, mantinets & autres machines & engins pour les brouettes, charriots & tombereaux, &c. & pour tout ce qui aura retrait aux ouvrages, de quelle efpece qu'ils foient, des forêts & autres endroits publics, des communes en friche ou royaux, laiffant toujours les baliveaux néceffaires & les arbres marqués pour la marine, la Compagnie obfervant en tout les Ordonnances de forêts, en prévenant mon Confeil des coupes que la Compagnie fera faire, pour éviter de ruiner les forêts & préjudicier au Public, ni aux particuliers maîtres des forêts, car ces deux dernieres claffes de bois feront payées leur jufte valeur & aux prix convenus; & à défaut, à jufte taxation. On aura attention en tranfportant ces bois d'un endroit à l'autre, de les conferver; & ne pourra la Compagnie en faire un commerce abufif. Et dans les endroits marqués pour la marine, on fera lefdites coupes avec l'intervention des Employés à cet effet.

XXXVII. La Compagnie aura la liberté de couper des bois au-deffus du terrein fupérieur aux mines, qu'on doit ouvrir dans les montagnes, fur une ligne de direction, foit pour planter les guides & piquets pour marquer les endroits où doivent s'ouvrir les puits, couper & ôter dans toute la longueur de ladite ligne de direction, les arbres, brouffailles, & tout ce que la Compagnie aura befoin, au dire du Juge du Canal, fans aucun droit de propriété, & fans pouvoir empêcher de planter lefdits piquets, ayant ladite ligne de largeur, ce qui eft dit à l'article 30, pour tranfporter & jetter les terres qu'on tirera des mines, dans l'endroit qui lui fera le plus convenable, & profiter dudit terrein, felon qu'il eft dit au même article, faifant pour tout cela les chemins néceffaires.

XXXVIII. La Compagnie aura droit & action, pendant tout le tems de fes privileges, d'ufer des carrieres de pierres publiques & particulieres, avec tous les privileges dont jouiffent les ouvrages royaux; & s'il étoit néceffaire d'en ouvrir de nouvelles, elle pourra l'exécuter en payant aux maîtres des terres, fi c'étoit de particuliers, le dommage qu'on leur caufera; de même elle pourra ouvrir de nouveaux chemins pour le plus court tranfport des matériaux aux ouvrages des canaux, payant également le préjudice qu'elle caufera aux héritages des particuliers; & le nombre de beftiaux qui fera jugé néceffaire pour lefdits ouvrages, pourra paître librement dans les pâturages communaux, jouiffant des autres privileges qu'ont les beftiaux royaux.

XXXIX. Pour l'ouverture des carrieres, mines, &c. dans la direction, il est permis à Pradez & Compagnie l'entrée de la poudre étrangere dont ils auront besoin, jusqu'à la quantité de 200 quintaux tous les ans, payant quatre pour cent de droits, sans en pouvoir user autrement que pour leurs ouvrages, donnant compte tous les ans de celle qui se sera consommée.

XL. La compagnie pourra couper du bois, travailler les pierres, fabriquer de la chaux & brique dans les endroits qu'elle jugera à propos, sans que pour cela on lui puisse rien faire payer ni demander dans les communaux, terres en friche & Royales; & dans celles des particuliers, elle satisfera le préjudice au dire d'Experts nommés par les Parties, & un troisieme, en cas de discorde, par le Juge du Canal.

XLI. La Compagnie pourra aussi construire des fossés, ou canaux de bois, selon le cas, pour diriger, vers ses ouvrages, les eaux les plus à portée & nécessaires pour la construction du Canal, prenant, dans le cas qu'il y en ait peu, & qu'elles servent à l'arrosage, le moins la quatrieme partie d'icelles, les déposant dans des fossés réservoirs, quand on n'arrosera pas; pourra planter des repaires, signaux de pierres, faire des signaux sur les maisons des particuliers voisins des canaux, en les avisant, sans autre obligation que de réparer le dommage en laissant les choses dans l'état où elles étoient quand tels signaux ont été faits, & remplissant les fossés & réservoirs à la fin des ouvrages.

XLII. Les chemins & ponts provisionnels qu'il sera nécessaire d'établir pour conduire les matériaux aux ouvrages, comme aussi les terreins pour déposer ces matériaux, pierres, bois, sables, &c. construire des magasins de charpente, fours à chaux & briques, fosses pour éteindre la chaux & la conserver: barraques pour enfermer les outils, & autres pour le service des ouvrages, la Compagnie les pourra exécuter aux mêmes termes & forme qu'il est dit à l'article précédent: & dans le cas que la Compagnie ait besoin de plus de terrein des 53 vares à chaque côté du Canal pour ses édifices, elle en pourra user provisionnellement, évitant les abus de s'étendre sans nécessité.

XLIII. Les ferremens & toutes sortes d'outils en fer travaillé ou non travaillé, & toutes sortes d'autres outils & effets qui soient nécessaires pour la meilleure & plus prompte exécution des ouvrages, doivent être de construction & matériaux d'Espagne, s'il y en a; & dans ce cas l'introduction de ceux du dehors du royaume sera prohibée; mais à défaut, & convenant de les tirer de l'Etranger, ils seront reçus dans les Ports d'Espagne, & on conviendra du passage sans payer aucuns droits d'entrée; s'ils étoient conduits par mer d'un Port à autre, ce devroit être par des navires Espagnols: ils se conduiront ensuite par terre jusqu'aux ouvrages, ou magasins de la Compagnie, avec les dépêches nécessaires qui seront données sans le moindre délai aux Charretiers, ou Voituriers qui devront les voiturer, jouissant, les conducteurs, des privileges du transport des effets royaux: cependant la Compagnie pourra faire entrer de l'Etranger, sans payer aucuns droits, toutes sortes de modeles & machines pour la forme des instrumens & outils dont elle aura besoin.

XLIV. La Compagnie pourra avec la connoissance & accord des communautés, supprimer, dans les terres arrosées, les chemins qui lui paroîtront convenables pour la fin proposée, attendu que la plupart ne servent d'autre chose que de perdre le terrein qu'ils occupent, & obliger à multiplier, par leur nombre, des ponts sur le Canal, sans être liée ni obligée seulement qu'à laisser les chemins Royaux, ou de communication principale d'un endroit à l'autre.

XLV. Etant réglés & distribués, les ponts des chemins Royaux & de communication indispensable, il sera expressément prohibé à tous particuliers d'établir des ponts ni mettre des planches pour traverser le canal, sous aucuns prétextes, ni faire dans leurs terreins (recevant l'arrosage) aucuns ouvrages, comme fosses, puits, & puits à roue qui pourroient être préjudiciables par la filtration à la sûreté du Canal, à moins que la Compagnie lui donne exprès consentement par écrit, sous la peine qui fera expliquée à l'article LVII. cependant s'il réfultoit ne caufer aucun préjudice à la Compagnie, elle n'empêchera point aucuns ouvrages, ni n'abufera point le fieur Pierre Pradez, au préjudice du public, de cette condition, non plus que des autres.

XLVI. Moyennant que la Compagnie s'oblige à conftruire pour les chemins Royaux les ponts en mâçonnerie, ou pont-levis, ou tournants, fuivant la néceffité de la communication; les digues, chauffées, prifes, murs, réfervoirs & éclufes néceffaires à la navigation de defcente & remonte, au tranfport des bois & autres effets pour les arcenaux de Carthagene, & pourvoir de vivres & effets commerçables les Villes & Villages voifins du Canal: pourra, la Compagnie privativement établir & fabriquer dans ces endroits, chûtes & dépôts d'eau, des moulins à bled, à fcier; à foulon, &c. machine, bains & fabriques de quelles efpeces qu'elles püiffent être, comme des magafins, greniers, auberges, aires & endroits couverts pour la fûreté & depôts des provifions, uftenfiles, commodité des Ouvriers & Voyageurs, lefquels édifices dans le terrein du Canal, doivent être privatifs à icelui, & perfonne n'y pourra conftruire fans permiffion & connoiffance de la Compagnie, & les terreins qui feroient employés à cet ufage, feront regardés comme adherences & appartenances au Canal Royal, & pourra la Compagnie les entourer de murs.

XLVII. Ledit Canal doit avoir une embouchure de communication au Port même de Carthagene, pour le tranfport & entrée des effets appartenant aux particuliers & à la Compagnie: pour cet effet, elle aura la permiffion de conftruire à l'endroit deftiné à cette communication, les magafins & hangards qu'elle jugera convenables, & maifons pour les Employés qu'elle deftinera au foin defdits effets.

XLVIII. La Compagnie pourra tranfporter par mer, aux Villes de la côte, les bois qu'elle travaillera pour fon compte aux moulins à fcie: elle fera obligée de fcier & équarrir, pour l'Arcenal de Carthagene, les bois & planches felon les mefures qui lui feront données par les Conftructeurs defdits Arcenaux, recevant planches & bois en payement defdits ouvrages qui fera convenu entré la Compagnie & mes Royales Finances, & quant au payement du tranfport, par le Canal, defdits bois & autres articles pour la conftruction jufqu'audit Arcenal de Carthagene, la Compagnie percevra le prix qui fera convenu paticulierement avec mes Royales Finances.

XLIX. S'il arrivoit que quelques Majorafques, Gens de Mains-mortes, Œuvres pieufes & autres perfonnes de cette Claffe, dépréciaffent le prix des terreins que leur prendra la Compagnie, & enfuite répéter contr'elle, fes fucceffeurs, ou euxmêmes étant majeurs, pour obvier à cet inconvénient, la Compagnie fatisfera en tel cas en dépofant le montant taxé, ou le conftituant fur ledit Canal en rente rachetable, en payant ladite rente, avec l'autorité & intervention du Juge du Canal, & en cas de dépôt, il fe fera en la perfonne que le Juge nommera, fans aucune refponfabilité dans aucuns tems de la part de la Compagnie.

L. Les petits canaux ou rigoles qui fe conftruiront pour recevoir les eaux de diftribution au fortir des vannes des canaux principaux, & les faignées pour la divifion des rigoles dans les terres qui s'arroferont, feront faites par les particuliers qui devront recevoir les arrofages, tant pour la premiere excavation que pour leur entretien & nétoyage; feront, lefdits particuliers, obligés d'ouvrir & excaver lefdites faignées de diftribution; mais il appartiendra à la Compagnie de les régler & diriger, tant pour ce qui concerne le Canal, que lefdites branches ou rameaux de diftribution; mais l'ufage des eaux qui entreront dans leurs terres, fera libre aux Laboureurs.

LI. Les terres des particuliers par lefquelles le Canal paffera, fe payeront, au dire d'Experts, fuivant leur valeur actuelle: fi quelques terres travaillées ou en friche, bois, prés, ou tous autres terreins & édifices dont pourroit avoir befoin la Compagnie pour cet ouvrage étoient vendues ou données à cens & rente perpétuelle, les maîtres d'icelles feront obligés à les réduire en rente rachetable, aux mêmes termes & formes que prévient ma Royale Cédule expédiée pour la réduction des cens perpétuels de Madrid.

LII. Nulle perfonne, de quel état, claffe & condition qu'elle foit, ne pourra point labourer, planter, ni faire aucuns autres ouvrages ni travaux fur les bords ou terriers, foffés ou contrefoffés, ou décombre du Canal, ou autres terreins que prenne la Compagnie, & pour fervir de borne, limite ou féparation il fera fait un fentier, au moins de demi-vare de large, par la Compagnie & à la charge d'icelle, & perfonne ne pourra changer ni altérer ledit fentier en tout ni en partie, fous la peine qu'il fera dit à l'article 57. Il fera pofé & planté auffi des pierres avec des numéros, qui feront confter la déliénation & détours du terrein, conformément aux plans de détail, pour la plus grande fûreté des deux côtés; & ces pierres feront plantées avec l'approbation du Juge du Canal & la connoiffance des Juftices des territoires, impofant égale peine que la précédente à celui qui les ôtera ou altérera en aucune maniere.

LIII. Nulle perfonne pourra établir lavoirs, ni faire entrer aucuns beftiaux pour boire ni paître dans les limites du Canal, & fes 53 vares de chaque côté, fous la peine de réparer le dommage, & les autres qui feront décrites à l'article 57 de cette préfente Royale Cédule, appliquant les amendes pécuniaires par tierces parties à mes Royales Finances, à la Compagnie, & aux Dénonciateurs; & afin que le public ait des abreuvoirs, la Compagnie donnera la portion d'eau qui fera néceffaire, ainfi que pour les lavoirs, dans les endroits convenables, bien entendu que l'excavation & conftruction d'iceux, pour fa plus grande folidité, fe fera par la Compagnie, aux frais des Communautés où ils s'établiront, & feront néceffaires; & fi ces Communautés vouloient les faire pour leur compte, elles préfenteront leur plans pour qu'ils foient approuvés par le Juge du Canal & par la Compagnie.

LIV. Aucuns particuliers ne pourront établir au Canal, aucuns genres de bateaux, foit pour naviguer en icelui, ni pour le paffer & traverfer, ou pour des moulins ou autres machines, cette faculté étant uniquement réfervée à la Compagnie pendant le temps de fon Contrat; & celui-ci fini & expiré, il eft accordé à la Compagnie l'ufage franc de vingt bateaux à elle appartenans, du port que voudra la Compagnie, exempts de tous droits, fuivant qu'il eft accordé à l'article IV. du Canal de Madrid; & les autres feront achetés par mes Royales Finances comme effets de la Compagnie: il eft également prohibé à toutes claffes de perfonnes, fous la peine dont il fera parlé à l'article LVII. de jetter de la terre, pierres ou limon dans le Canal & fes branches, de détourner les bateaux ou effets, ou caufer tout autre préjudice qui empêche ou détériore la conftruction, navigation & tranfport.

LV. Pendant la durée du Contrat de la Compagnie, elle feule aura le droit de pêcher dans toute l'étendue de fon Canal & branches principales, pouvant, pour cet effet, dans les parties du terrein à elle apppartenant à côté du Canal, faire & conftruire des réfervoirs ou viviers d'eau pour tenir les poiffons, avec pleine liberté de les vendre ou affermer à fa volonté, libres de toutes impofitions, payant feulement les droits que payent tous autres poiffons d'eau douce à l'entrée des Villes ou Villages, où elle les fera vendre; mais elle obfervera la prohibition de la pêche pendant le tems convenable, que les poiffons frayent, pour leur confervation & augmentation; & elle donnera avis à mon Confeil du temps de cette prohibition & peine pour les faire obferver.

LVI. Pour ufer des réfervoirs que fera conftruire la Compagnie pour mettre tremper les lins & chanvres pour leur préparation, les particuliers qui voudront en faire ufage, lui payeront ce qu'ils conviendront & ajufteront enfemble, réfervant le droit d'établir un tarif pofitif par la fuite, dans les produits du Canal, ayant égard à leur coût, charges, dépenfes & produits, en forte que l'on ne caufe de préjudice ni à Pradez ni à fa Compagnie, dans les profits légitimes, & pour qu'ils puiffent remplir leurs charges & devoirs.

LVII. Pour contenir les excès & contraventions à tous & chacun des articles précédens qui portent prohibition , & afin d'éviter des difcuffions & interprétations nuifibles, il eft impofé la peine de trois fois la valeur du dommage , appliquée à ma Royale Chambre , au Juge & aux Dénonciateurs , & celui qui n'aura pas de quoi payer la peine, fera condamné aux travaux dudit Canal pour un tems proportionné d'un ou deux mois : & en cas de récidive, les peines pécuniaires & corporelles refpectives feront doubles , réfervant la connoiffance de ces délits aux Juftices ordinaires, ou au Juge des ouvrages qui réfidera en iceux, & que leurs Sentences foient exécutives nonobftant appellation, à moins que les corporelles ne foient graves. Au cas de troifieme récidive, les peines feront corporelles , & feront, les coupables, deftinés aux exils d'Afrique & des Ifles, confultant la Chambre Criminelle & de ma Royale Chancellerie, & promouvant en elle le Fifcal la prompte détermination; & des délits communs & caufes civiles , qui n'auront point de connexion avec les intérêts du Canal, connoîtront feulement les Juftices ordinaires du territoire, procédant fans partialité : & les Employés ou Dépendans du Canal, ne jouiront d'exemption & privilege que dans les chofes qui concerneront l'entreprife.

LVIII. La Compagnie jouira du Canal & branches de canaux de navigation & d'arrofage , pour le temps & terme de cent dix ans , pendant lefquels les maîtres des terres payeront feulement à la Compagnie, pour l'arrofage qu'elle doit leur fournir en temps opportun , & la quantité fuffifante, de cette maniere : dans les premieres trente années du privilege, compris les dix pour la conftruction du Canal & fes branches, les maîtres des terres , foit de celles qui font à préfent incuites & doivent fe défricher , ou de celles qui fe cultivent & n'ont point d'arrofage permanent, paieront de fix un, en grains, & de huit un, des autres fruits : pendant les vingt-cinq années fuivantes,jufqu'à cinquante-cinq années,de fept un,en grains,& deneuf un des autres fruits : pendant les autres vingt-cinq années , jufqu'à quatre-vingts ans , de huit un, des grains, & de dix un des autres fruits : & dans les dernieres trente années , jufqu'aux cent dix ans , de dix un en grains , & de douze un des autres fruits : ce font les plus hauts prix que doive percevoir la Compagnie pour l'arrofage en temps opportun , & quantité fuffifante , étant arbitraire à ladite Compagnie de diminuer lefdits prix, s'il lui convenoit, pour animer les Colons & la culture , ou faire des conventions , contrats ou arrentemens particuliers; tout ce qui eft dit fera franc & libre à la Compagnie , de dixmes & premices : devant reffortir à mon Confeil , à la Chambre de Juftice , les appellations qu'il pourra y avoir fur l'intelligence & accompliffement de cet article , de même que les recours defquels arrofeurs que ce puiffe être ou participans aux dixmes , jouiffant les Entrepreneurs des droits Royaux , comme Ceffionnaires de la Couronne , pendant le terme du contrat reverfible à mon Royal Patrimoine, à l'expiration dudit terme.

LIX. Toutes les terres qui recevront l'arrofage du Canal, doivent fe femer au moins de deux années l'une, & l'année qu'elles ne fe femeront point & devroient être femées , paieront la même chofe que fi elles étoient femées conformément à la regle qui eft établie à l'article 58 qui précéde, bien entendu que la Compagnie aura les arrofages courans en temps opportun , & que ce foit par omiffion & négligence du maître du terrein de n'en pas avoir ufé, & s'ils laiffoient leurs terres deux ans fans femer, la Compagnie pourra les donner à d'autres perfonnes qui les cultivent , fous les regles qui s'obfervent au Canal de Jarence , à moins que le manque de femence ne procéde d'abfolue ftérilité & faute de grains, & ne les avoir point voulu fournir , la Compagnie aux prix courans , reconvenue en temps dû, par les maîtres des terres.

LX. Pour acquérir la parfaite connoiffance de la maniere & forme de pratiquer les arrofages & les communiquer aux terres , il fe formera un regiftre ou cadaftre détaillé par territoires, diftricts ou communautés des lieux, villes ou villages, avec explication & diftinction des terres qui feront neuves ou nouvellement défrichées, & de celles cultivées ; & la vérification & arpentage dont il eft queftion, s'exécutera par les Juftices de chaque territoire, avec citations des participans aux dixmes, ou du

Procureur-Syndic des mêmes territoires ; lefquels regiftres feront remis au Tribunal du Canal, qui ouira & décidera les recours qui y feront faits, & les appellations reffortiront à la Chambre de Juftice de mon Confeil : & de ces documens, la Compagnie formera des livres par territoires arrofables avec l'intervention & approbation du Juge du Canal, qu'elle confervera pour fes recouvremens de droit : & la procédure originale de ces vérifications fera remife à mon Confeil, où elle fera néceffaire pour la décifion des conteftations qui pourront furvenir, & comme titres de mes Royales Finances, quand j'entrerai en jouiffance du produit des arrofages.

LXI. En quelques lieux ou jurifdictions où il y aura des terres en friche, foit royales, municipales ou communes qui puiffent fe cultiver & recevoir l'arrofage, & fuffent fans culture quelques années, de celles que doit durer ce contrat, les Juges ordinaires de chaque lieux ou jurifdictions, tiendront la main à ce que ces terres fe défrichent, difpofent, fe préparent, & fe cultivent en temps opportun, foit par perfonnes qu'ils nomment eux-mêmes, ou en les répartiffant entre les habitans des communautés, conformément à mes Royales Cédules, expédiées pour mettre femblables terres en valeur, & feulement en cas de négligence ou injufte oppofition, le Juge particulier de ce Canal pourra en connoître, ou dépêcher exécutoire : ayant faculté, le même Juge, dans le cas que lefdites Juftices ne prennent une prompte détermination, fans laiffer paffer le temps de travailler & préparer lefdites terres pour les diftribuer & charger aux habitans de la jurifdiction, ou fes voifins, fuivant qu'il jugera le plus convenable. Dans le déplorable cas qu'il ne fe trouvât perfonne pour les cultiver, ou qu'on ne le pût par quelque caufe que ce puiffe être, afin d'augmenter l'Agriculture, la Compagnie fe chargera d'établir des Colons, qui faffent fructifier lefdites terres en les cultivant, & leur fourniffant les moyens fuffifans, comme habitations, uftenfiles, & le néceffaire pour vivre ; dans ce cas, il fera fait des conventions entre mes Royales Finances & la Compagnie, formellement ftipulées, & pour cet effet la Compagnie me manifeftera, dans le temps, fes intentions.

LXII. Toutes les plantations d'arbres que la Compagnie fera à fes frais, dans lefdits cent dix ans, aux bords des canaux, & dans les terreins adjacens, feront perpétuellement fiens en propre, & à leurs héritiers & fucceffeurs, avec faculté de les couper, ufer de leurs fruits & bois, les renouveller quand elle le jugera à propos, & les planter des qualités qu'elle voudra, ayant foin, la même Compagnie, de leur culture : la totalité ou la partie des plantations que fera la Compagnie, doivent être à elle à perpétuité, à condition que quand elle fera couper un arbre, elle en fera planter un autre en place ; cependant fi elle les coupoit, quand ce ne feroit qu'un feulement, & ne le remplaçoit point d'un autre, ou autres dans l'efpace de deux ans, pourront mes Royales Finances les faire planter, ou donner permiffion à quelle perfonne que ce foit, pour qu'elle les plante, & ces arbres feront de ceux qui les auront plantés ; paffé le terme de cent dix ans, ledit Canal reftera en propriété à mes Royales Finances, en l'état qu'il fe trouvera, bien entendu que la navigation doit être courante, de la maniere qu'en aura joui & ufé la Compagnie, payant à icelle ou à fes fucceffeurs, à jufte taxation, le montant des bateaux qu'elle cédera, magafins, bâtiffes, &c. qui feront néceffaires au Canal, & la Compagnie pourra réferver l'ufage franc des vingt bateaux qui lui font accordés par l'article 54.

LXIII. Le Sr Pierre Pradez a formé une Compagnie, dénommée *Compagnie Royale du Canal Royal du Royaume de Murcie*, avec les pactes, ftipulations & conditions, réglemens & ordonnances, que pour fa regle & bonne régie des ouvrages dudit Canal, il a préfenté à mon Confeil, & font approuvés par Patentes Royales féparées, afin que ce qui eft convenu, tant par le contrat de Compagnie ou Société, comme celui de réglemens, s'obfervent & gardent dans toutes leurs parties, avec le plus exact & dû accompliffement, comme ordonnances formelles de ladite Compagnie, à quoi veillera particulierement le Miniftre de mon Confeil qui fera dit, qui préfidera les affemblées générales de la Compagnie, & qui aura foin de l'économie de l'entreprife,

comme

comme aussi du fidele maniement des fonds, ou celui qui lui succédera dans cet emploi, prenant par lui-même les dispositions qu'il jugera convenables à cet effet, en faisant part à mon Conseil de ce qu'il estimera digne de lui être communiqué.

LXIV. Pour présider aux assemblées générales de la Compagnie, & veiller à l'économie de l'entreprise, & au fidele maniement des fonds, je nomme sieur Jean de Acedo Rico, Ministre de mon Conseil, comme déjà instruit & pratiqué dans ce genre d'ouvrages, Président les assemblées du Canal de Manzanarès : & aux ouvrages de celui de Murcie, il résidera à demeure un Juge, avec Jurisdiction, pour tout ce qui se présentera de judiciel, & surplus qui est prévenu dans ma présente Royale Cédule, sur les objets dudit Canal, & accomplissement du contrat; j'élirai ce Juge particulier, qui sera Auditeur surnuméraire de ma Royale Chancellerie de Grenade, laquelle place j'ai résolu d'augmenter, afin, qu'avec la résidence de ce Ministre aux ouvrages à la jurisdiction du Canal, les affaires soient dépêchées sans délai, & ne point préjudicier à celles de cette Royale Chancellerie : cedit Auditeur, Juge du Canal, en qui doit résider toute la jurisdiction contentieuse & économique, relative à l'entreprise, sera changé tous les trois ans, à l'imitation des Corrégidors de Biscaye & Guypuscua, auquel la Compagnie paiera la gratification de dix mille réaux, qui lui serviront de sur-appointemens.

LXV. Pour les ouvrages du Canal, les premieres excavations, & service des puits & mines, il sera fourni à la Compagnie les forçats dont on n'aura pas besoin aux arcenaux; & par la suite pourront les Justices du Royaume, appliquer auxdits ouvrages les délinquans qui mériteront ce châtiment; il sera à la charge de la Compagnie d'en avoir soin & de les nourrir : & pour contenir & garder ces forçats, il sera aussi fourni à la Compagnie un piquet ou parti de soldats suffisans, du régiment qu'il sera de ma Royale volonté, & une garde suffisante à l'extention des ouvrages, pour éviter tous désordres, toutefois quand la troupe n'aura pas d'autres occupations plus nécessaires, en réglant par Royal ordre particulier, le paiement & salaire desdits forçats & troupes, que paiera la Compagnie, sans qu'ils puissent prétendre plus que ce qui sera réglé, à l'exception des gratifications qu'il sera libre à la Compagnie de donner, à proportion du mérite des sujets.

LXVI. Pour éviter des dissentions entre les travailleurs, les gens du pays & les forçats, le Juge du Canal pourra les faire arrêter au moindre excès qu'ils commettent, former sommairement le procès, & étant le coupable forçat, il sera envoyé, avec un témoignage de la procédure, à son Juge privatif : & à l'égard des procès des militaires, on devra suivre leurs ordonnances, & pour toutes les autres procédures dont connoîtra le Juge du Canal, s'il y en a de criminelles & graves, il doit consulter la Chambre Criminelle de ma Royale Chancellerie de Grenade, & dans les civiles, de quelle nature qu'elles soient, admettre les appellations dans les cas & choses, suivant qu'il conviendra, à la Chambre de Justice de mon Conseil, de la maniere qu'il est ordonné pour le Canal Royal de Manzanarès, & dans ce qui sera purement de régle générale, les recours devront aller à la premiere Chambre de Gouvernement de mon Conseil.

LXVII. Le Juge particulier du Canal pourra subdéléguer sa jurisdiction, quand il le jugera nécessaire, aux justices des lieux respectifs.

LXVIII. Il sera expédié l'Ordre opportun ou Cédule Royale, afin que les justices des lieux, auxquels le Juge du Canal demandera assistance, ou ses Subdélégués, soit de prison, huissiers, ou de toute autre maniere, on la lui donne sans le moindre délai, & la même chose s'exécutera de la part de la troupe.

LXIX. De concert avec le Juge du Canal, la Compagnie formera les ordonnances convenables pour les arrosemens, quand le temps opportun arrivera, lesquelles seront présentées à mon Conseil pour leur approbation & validité, & y ayant quelque chose à ajouter ou réformer, la Compagnie sera ouie auparavant.

C

LXX. Pour faciliter à Pradez & Compagnie, par tous les moyens poffibles, le plus prompt avancement d'un ouvrage auffi important, & foulager les ouvriers & employés, pourra la Compagnie acheter, en quel endroit que ce foit de mes Royaumes, toutes efpeces de comeftibles, en payant les droits dûs à l'endroit de l'achat, & les faire tranfporter librement, avec les billets de douane ou autres néceffaires, à droiture jufqu'au Canal & fes ouvrages, & les vendre fans aucun autre droit quelconque, ni impofition, pour la confommation & nourriture des ouvriers & employés, bien entendu que ces comeftibles doivent être confommés & employés aux mêmes ouvrages, ou immédiatement à iceux, fans les introduire dans les villes & villages, car dans tel cas ils paieroient les droits Royaux & Municipaux qui font établis ; excluant de même les marchandifes & fruits de l'étranger, dont il devra être payé les droits établis, quoique cependant là-deffus l'on aura attention aux repréfentations de la Compagnie, en tout ce qui fera jufte.

LXXI. Il eft accordé à la Compagnie la liberté d'extraire les denrées permifes, fans payer aucuns droits, foit pour les tranfporter à d'autres ports d'Efpagne ou pour l'étranger, pourvu qu'ils foient tranfportés fur des navires Efpagnols, & fi par les mauvais temps lefdites denrées étoient apportées en d'autres pays ou endroits que ceux de leur deftination, elles ne feront point prifes, dénoncées ni faifies en aucune maniere, au contraire il fuffira pour la totale liberté & juftification de faire confter le mauvais temps par les gens de l'équipage du navire qui l'aura fouffert, & le journal dont on ufe en mer.

LXXII. Moyennant l'approbation de cette ftipulation & contrat, il demeure arrêté clôs & fini, comme *ultro-citroque* obligatoire entre mes Royales Finances, le fieur Pierre Pradez & fa Compagnie, & toutes les graces Royales comme rémunératoires d'un auffi louable fervice fait par Pradez & Compagnie à ma Royale Couronne, & afin que cela donne de l'émulation à d'autres, & fans que par aucune perfonne il fe puiffe encherir & retraire en tout ni en partie, fous aucuns prétextes ni motifs, devant, le préfent contrat, être ferme & ftable pour la Compagnie, ou qui fes droits repréfentera, pendant le temps de la jouiffance & utilité, qui doit être pour cent dix ans, comme il eft dit, lefquels commenceront à être comptés du jour de la date de ma préfente Royale Cédule dudit contrat, pendant la durée duquel temps la Compagnie doit être confidérée comme unique & abfolue.

LXXIII. Cet ouvrage fera protégé par ma Royale Perfonne & mon Confeil, de façon que les Entrepreneurs doivent fuivre leur entreprife & projet, libres de vexations & oppreffions, lefquelles doivent être châtiées avec févérité, en écartant foigneufement toutes les injuftes oppreffions & importunités qui s'excitent facilement contre tout ce qui eft nouveau, fous des foibles & feints prétextes, qu'un Gouvernement fage & vigoureux ne doit point tolérer.

LXXIV. Pour la fûreté du Canal, & l'obfervation de ce qui eft ftipulé, la Compagnie pourra établir les gardes qu'elle confidérera néceffaires, & avec fa nomination, le Juge du Canal fera obligé de leur dépêcher leurs titres ; lefdits gardes ne pourront point faire ufage d'armes courtes & prohibées, demeurant fujets aux juftices ordinaires, s'ils y contrevenoient, felon les Loix du Royaume ; mais pour qu'ils foient connus & obéis, comme il convient à leur emploi, ils porteront une bandouliere ou baudrier de peau, avec ces mots, *Canal Royal du Royaume de Murcie.*

LXXV. Les affociés & employés de la Compagnie, qui feront deftinés à la garde & confervation du Canal, en auront le maniement & direction, jouiront du port de toutes les armes permifes aux Nobles, dans lefquelles ne font point comprifes les courtes & prohibées par mes Royales Pragmatiques, avec connoiffance privative de Juge du Canal ; mais cette exemption ne doit point s'entendre en cas de police, de réfiftance ou manque de refpect à la juftice ordinaire, ni dans les crimes atroces de vol & d'homicide, car en femblables cas prouvés, quoique ledit Juge ait droit de les arrêter provifionnellement, il devra les remettre, avec la procédure fommaire, à la Juſtice ordinaire du lieu, afin qu'elle ſuive le procès, & le conſulte avec la Chambre Criminelle de ma Royale Chancellerie de Grenade.

LXXVI. La Compagnie pourra librement faire uſage, dans tous les contrats & obligations qu'elle paſſera, d'un ſceau, avec ladite inſcription de *Canal Royal du Royaume de Murcie*, faiſant uſage la Compagnie & le Juge du Canal, du même ſceau, dans toutes les nominations & titres qu'ils dépêchent, & auſſi ſur les lettres qui s'écriront pour l'objet du Canal, ou ordres qui s'expédieront, le Juge du Canal ne pourra point avoir des Subdélégués fixes, mais il devra ſe ſervir préciſément des Juges ordinaires, & ceux-ci lui prêter tout le ſecours & aſſiſtance dont il aura beſoin, ſous peine de reſponſabilité ; & ſeulement en certains cas urgens, il pourra dépêcher des exécutoires, comme il eſt dit à l'article LXI.

LXXVII. Si la Compagnie avoit beſoin du ſecours de la troupe, pour conduire des fonds aux ouvrages, de quel endroit que ce fût, il lui ſera fourni celle qui lui ſera néceſſaire, n'étant point occupée à des choſes plus eſſentielles, & pour cet effet les ordres néceſſaires ſeront expédiés par la Secrétairie de Guerre

LXXVIII. Dans le cas que l'unique contribution s'établit, les rentes que produiront à la Compagnie la navigation, les arroſages, les édifices qu'elle conſtruira aux bords des canaux, & les 50 vares de terrein qu'elle doit prendre de chaque côté, ſeront exemptes de ce droit, mais les employés de la Compagnie, ſes colons & ceſſionnaires, ſeront ſujets à le payer.

LXXXIX. Il eſt accordé à la Compagnie l'uſufruit des mines qui pourront ſe découvrir de nouveau dans le territoire du Canal, ou dans les cinquante-trois vares de chaque côté, réſervant le droit de prééminence des métaux, qu'il eſt de coutume de payer, & il appartiendra uniquement à la Compagnie le droit de pouvoir les exploiter, & en faire ſon profit, avec la connoiſſance privative du Juge du Canal, en cas de conteſtations, avec les appellations & recours à mon Conſeil, & il ſera paſſé l'ordre convenable à l'Aſſemblée de Commerce & Monnoies, pour qu'elle n'y porte point d'empêchement.

LXXX. Tous & quels que ſoient les ouvriers qui viendront du nord pour travailler aux ouvrages de ces canaux, ne ſeront point moleſtés pour cauſe & motifs de Religion, ainſi qu'on en a uſé avec les ouvriers qui vinrent d'Hollande pour la Royale Fabrique de Draps de Guadalaſara, & pour les Mines de Guadalcanal, mais il devra être paſſé avis avec une liſte à l'Inquiſiteur Général, afin de procéder avec tout l'ordre poſſible : ceux-ci auront ſoin de ne point donner du ſcandale, & de ne point entrer en diſpute de Religion, ni les naturels du pays ne les vexeront point pour ce motif; devant le Juge du Canal faire obſerver ce point exactement, & châtier le moindre excès.

LXXXI. Pour éviter les excès qui peuvent ſe commettre par les employés & gardes de mes Rentes Royales de tabac, poudre & ſel, ſous le prétexte de viſiter, la Compagnie ſera traitée à cet égard avec toute la conſidération poſſible, en ce qui ne préjudiciera point à la bonne adminiſtration des rentes, & les gardes & miniſtres d'icelles ſeront obligés d'avoir la permiſſion du Juge du Canal, pour exercer leurs fonctions ſur ſon terrein.

LXXXII. Il ſera fourni à la Compagnie tout le plomb & archifou qu'il y aura de ſurplus, & autres articles qui concernent mes Royales Finances, & dont l'extraction ſe fait pour l'étranger.

LXXXIII. Les ſieur Pierre Pradez & Compagnie ne pourront point faire aucun commerce avec les fonds deſtinés à la conſtruction dudit Canal Royal, devant entrer d'abord dans la caiſſe de la Compagnie, qui aura trois clefs pour leur ſûreté, avec l'intervention du Magiſtrat de mon Conſeil, nommés aux fins expliquées à l'article LXIV de ma préſente Royale Cédule, qui aura en ſon pouvoir une deſdites trois clefs ; & avec les autres précautions convenues par les réglemens & ordonnances de ladite Compagnie; il eſt uniquement permis à la Compagnie de pouvoir uſer de ſes fonds dans les provifions de ce qui eft néceffaire au Canal, & dans l'achat des comeftibles pour la confommation des ouvriers ou travailleurs occupés aux ouvrages du Canal : il eft auffi permis aux fieur Pierre Pradez & Compagnie de faire quelques prêts defdits fonds , qui fe trouveroient oififs & excédens , ne pouvant point s'employer en même temps aux ouvrages dudit Canal, à l'intérêt qui fera convenu, à des termes fixes, qui feront ftipulés pour la rentrée des capitaux des fommes prêtées, & cela fur des hypotheques de biens fonds , libres & fûrs, avec l'accord & l'approbation du Juge confervateur, ou de mon Confeil, mefurant les échéances de maniere que fans expofer les fonds, on les retire aux époques qu'on en aura befoin, pour les invertir dans l'objet principal des ouvrages , & que la Compagnie jouiffe de l'avantage defdits intérêts. En fuivant le même efprit, qui a pour objet d'éviter à la Compagnie le préjudice des fonds morts, il lui fera permis d'efcompter des lettres de change fur la place , & d'en prendre pour remettre les fonds néceffaires aux ouvrages , afin qu'ils ne foient point retardés fous aucuns prétextes, & qu'on ne foit point obligé de les envoyer en efpeces, ce qui feroit onéreux à la Compagnie : le tout doit être exécuté par accord & délibération de l'Affemblée, avec l'approbation du Juge confervateur qui la préfidera ; les bénéfices qui réfulteront defdites opérations au profit de la Compagnie, entreront dans fa caiffe de trois clefs, avec les formalités requifes & convenues pour les autres fonds & produits.

LXXXIV. Au tréforier qu'a nommé la Compagnie, avec les facultés & obligations qui font expliquées en détail dans le contrat de Société, réglemens & ordonnances approuvés par mon Confeil, il lui fera expédié le titre néceffaire par ma Royale Perfonne, ou par mon Confeil, afin qu'en fervant fon emploi, il jouiffe de toutes les franchifes & prérogatives compétentes, & des appointemens, qu'avec l'accord & approbation de mon Confeil, lui fixe la Compagnie pendant le temps qu'il fera en exercice.

LXXXV. Tous & quels que puiffent être les produits qui appartiendront à la Compagnie, des contributions qu'elle doit recevoir pour raifon du Canal entreront également au pouvoir du tréforier, fans que par aucun prétexte ni motif aucun des Affociés en particulier ou tous enfemble , puiffent faire ufage des fonds appartenans à la Compagnie, en petite ou en grande quantité, pour affaires propres, ni d'autrui, car uniquement ils doivent s'employer & convertir au bénéfice commun de la Compagnie, par fa délibération formelle , avec l'affiftance en tout du Magiftrat de mon Confeil, qui doit préfider les Affemblées , & ne pourra point la Compagnie, dans aucuns temps , faire aucune répartition des bénéfices & utilités entre fes individus & affociés , jufqu'à ce que les intérêts qu'elle aura à payer du capital emprunté foient fatisfaits ou au moins affurés , & pour cet effet ledit Magiftrat connoitra auffi defdites répartitions, pour l'obfervation de ce qui eft ordonné, tenant de même la main à ce qu'au temps dû, & fans aucun retard, les intérêts ou rentes fe payent aux prêteurs des fonds, fur quoi il lui eft donné fpéciale commiffion.

LXXXVI. Ayant confidéré qu'il étoit néceffaire , pour les ouvrages dudit Canal de navigation & d'arrofage, jufqu'à leur parfaite conclufion, de quinze millions de livres tournois, qui font foixante millions de réaux, monnoie de mes Royaumes, quelques chofes plus ou moins; j'accorde aux fieur Pierre Pradez & Compagnie ma Royale permiffion & faculté, afin qu'ils puiffent emprunter lefdits quinze millions de livres tournois en rentes viageres & à fonds perdu , de toutes Perfonnes., Communautés Eccléfiaftiques & Séculieres, Maifons de commerce , ou Compagnies, tant de mes Royaumes, comme hors d'iceux ; aux conditions ou intérêts qui font fixés par les plans de diftribution & font contenus dans ma préfente Royale Cédule, & pour la fûreté des Prêteurs concernant les payemens des intérêts & rentes viageres, ainfi que pour l'exact & ponctuel accompliffement de tout ce qui eft convenu avec les fieur Pierre Pradez & Compagnie , je leur accorde la plus ample & compétente faculté, pour qu'ils puiffent hypothéquer ledit Canal d'arrofage & navigation , fes ouvrages, bâtiffes, revenus, graces, utilités & prérogatives qui leur font accordées, & s'accorderont à l'avenir auxdits fieur Pierre Pradez & Compagnie, en faveur desPrêteurs des fonds mentionnés, jufqu'à parfaite extinction de leurs rentes viageres, nonobftant que quelqu'un ou quelques-uns des Prêteurs Etrangers ne profeffent point la Religion Catholique Romaine, confervant toujours auxdits Prêteurs le droit & action hypothécaire audit Canal, fes ouvrages & furplus expliqué, fans que mes Royales Finances foient refponfables en aucune maniere au payement defdites rentes viageres.

LXXXVII. Les Capitaux de l'emprunt, pour l'objet expliqué, doivent indifpenfablement entrer dans la Maifon & Caiffe de trois clefs de la Tréforerie de la Compagnie, qui fera établie à Madrid, avec les régles & précautions de fûreté contenues dans lefdites Ordonnances de la Compagnie, dont les remifes feront faites en Lettres de change, ou de la maniere qu'il fera le plus convenable, par les Correfpondans chargés de recevoir immédiatement lefdits capitaux des Prêteurs; & je reçois ceux-ci fous ma Royale protection, & celle de mon Confeil, pour qu'en toutes chofes, il leur foit fait bonne & prompte juftice; excluant toute fraude ou délai, ayant foin le Magiftrat Royal, qui doit préfider les Affemblées, que les payemens annuels foient exactement faits auxdits Prêteurs, & dans le cas que quelqu'un ne comparût point pour recevoir fa rente, il dépofera en fa faveur fon montant, avec prohibition d'en faire aucun autre ufage.

LXXXVIII. Lorfque les ouvrages dudit Canal feront achevés, il ne pourra point être impofé fur le Canal aucune rente viagere, ni ne pourra point être hypothequé ni engagé en aucune autre maniere, par les fieur Pierre Pradez & Compagnie, qu'aux intérêts & rentes viageres des quinze millions de livres tournois, qui doivent s'emprunter & fervir à fa conftruction, & au montant des intérêts des terres, moulins & autres chofes qu'il fera néceffaire de prendre ou démolir pour cette entreprife, fuivant les facultés accordées dans les précédens articles de ma préfente Royale Cédule: & je déclare, en faveur des Prêteurs étrangers, que par aucuns cas, foit en paix, foit en guerre, avec les Souverains & Républiques, fous laquelle domination feront les Prêteurs étrangers, il ne fera point empêché que ceux-ci, & la Compagnie faffent réciproquement leurs remifes & payemens, felon & comme il feront convenus entr'eux, & cela par aucuns motifs, ni parce qu'ils ne profeffent point la Religion Catholique, fans pouvoir les détenir, confifquer, ni en faire repréfailles, à moins que ce ne fût pour délit, & feulement il feroit procédé contre la perfonne & biens de celui qui l'auroit commis, au temps de la liquidation qui en fera faite par la Compagnie, & non auparavant.

LXXXIX. Moyennant que les intérêts ou rentes viageres, qui doivent appartenir aux Prêteurs, font fixées par le plan, de diftribution & fort, joint à ma préfente Royale Cédule, qui inftruira pleinement les Prêteurs du temps, lieu & maniere. que le tirage doit être fait, & en vertu dudit plan & autres circonftances contenues dans ma préfente Royale Cédule, ils pourront déterminer avec parfaite connoiffance le prêt des fonds qu'ils voudront placer en rentes viageres, & à fonds perdus, pour l'objet de ladite entreprife, pour jouir des bénéfices, intérêts, ou rentes défignées dans ledit Plan, au moyen de quoi, il fe procéde avec la bonne foi due entre les Contractans, qui fera obfervée & fe gardera à l'avenir dans l'éxécution.& accompliffement de fes ftipulations, j'accorde ma Royale permiffion & faculté auxdits fieur Pierre Pradez & Compagnie, pour qu'à fes frais & conformément audit plan, le tirage defdites rentes fe faffe à Madrid, en préfence du Magiftrat de mon Confeil, qui doit préfider les Affemblées, d'un Commiffaire que je nommerai, du Notaire qui connoîtra des affaires du Canal, & un, ou plufieurs des Intéreffés de la Compagnie de Pradez, afin que tout fe paffe avec l'autorité, pureté & bonne foi qu'il convient & doit s'obferver en femblables cas.

XC. Chaque fix mois la Compagnie donnera au Magiftrat qui doit préfider à fes Affemblées, un état formé de la fituation des ouvrages, afin que celui-ci

en faſſe part à mon Conſeil, qui m'en inſtruira : ledit Conſeil pourra demander d'office, les inſtructions qui lui paroîtront convenables dans tous les tems, par le moyen dudit Préſident des Aſſemblées, pour s'aſſurer de la ponctualité & bonne régie de l'objet, & prévoir tout ce qui peut conduire à la ſûreté de la Compagnie & bien public, conſervant toujours, la Compagnie, ſon domaine ſur les fonds, & les facultés opportunes pour faire les ouvrages, devant uniquement s'employer, l'autorité de mon Conſeil, à fomenter leſdits ouvrages, & empêcher les abus contraires à ladite Compagnie & projet dont il eſt queſtion : & conſidérant qu'il eſt moralement impoſſible dans des ouvrages & entrepriſes ſi vaſtes, expliquer d'une fois tout le ſubſtantiel, ni prévoir ce qui eſt incident & annexe, la Compagnie demeure en pleine liberté de modifier, amplifier & déclarer les conditions & articles de cette ſtipulation, ou augmenter autres de nouveau, en les manifeſtant à ma Royale Perſonne ou à mon Conſeil, & elles s'approuveront & déclareront dès à préſent, pour alors, comme ſi elles étoient compriſes à la Lettre dans ce Contrat, autant que leſdits nouveaux articles, déclarations, augmentations & corrections, n'altèreront point l'eſſence dudit Contrat, & ſoient ſeulement pour éclaircir ceux qui peuvent être douteux, évitant les procès & agiſſant de bonne foi, afin qu'il ne ſoit rien retranché, à la Compagnie, des conceſſions propoſées, ou bien en cas imprévus qui aient beſoin de plus d'ordre : & préſentées à ma Royale Perſonne, ou à mon Conſeil, elles ne pourront point ſe réprouver, ſans avoir oui les raiſons de la Compagnie.

XCI. Les ſieur Pierre Pradez & Compagnie ſont obligés de remettre dans leur Tréſorerie, dans le terme précis d'un an, compté du jour de l'expédition de ma préſente Royale Cédule, les quinze millions de livres tournois, qui font ſoixante millions de réaux monnoye de mes Royaumes : & je déclare que ſi du jour de la date de ma préſente Royale Cédule, en un an, il n'étoit point entré dans la Caiſſe de la Tréſorerie leſdits ſoixante millions de réaux, & les ouvrages du Canal n'étoient point commencés, elle ſera nulle, d'aucune valeur ni effet, ainſi que toutes les graces, privileges & prérogatives qu'elle contient, & il reſtera la liberté à ma Souveraine volonté de pouvoir contracter avec d'autres Perſonnes, l'exécution deſdits ouvrages.

XCII. Etant néceſſaire, deux cents cinquante mille billets pour faire les ſoixante millions de réaux, à quoi ſont calculés les ouvrages & frais de l'entrepriſe, à deux cens quarante réaux chaque billet, leſquels doivent s'imprimer & autoriſer avec la ſignature des ſieur Pierre Pradez & Compagnie, & avec celle du ſieur Manuel de Carrauza, premier Officier du Bureau de la Chambre de Gouvernement la plus ancienne de mon Conſeil, pour éviter les longueurs qu'occaſionneroient les ſignatures des billets dans la forme réguliere, j'ai accordé aux ſieur Pierre Pradez & Compagnie ma Royale permiſſion & faculté, afin que les deux dites ſignatures, en lettres & paraphes, ſoient faites & miſes avec une eſtampille ſur les billets, de la maniere qu'il eſt démontré à l'exemplaire inſéré dans ma préſente Royale Cédule, laquelle Permiſſion eſt accordée reſpectivement à Pradez & à Carrauza, Commiſſaire nommé par mon Conſeil à cet effet, juſqu'à l'entiere ſignature des deux cents cinquante mille billets, cela fini, leſdites eſtampilles ſeront retirées, & avec l'aſſiſtance du Juge du Canal, ou celle de mon Conſeil, elle ſeront rompues, afin qu'il ne ſoit plus fait uſage d'elles, en formant Acte de s'être ainſi exécutés qui ſera remis à mondit Conſeil, pour être joint avec les autres Pieces de cette affaire.

PLAN ET DISPOSITION

D'UN EMPRUNT EN RENTES VIAGERES,

DE QUINZE MILLIONS DE LIVRES TOURNOIS.

CET EMPRUNT fera compofé de deux cents cinquate mille billets (fuivant le modele coté N⁰. 1.) de foixante livres de France le billet, dont la rente fera fixée par le moyen du fort de cinq tirages, qui s'exécuteront enfemble, & formeront cinq époques de différens payemens & fommes.

La premiere époque contiendra l'efpace des deux premieres années , pendant chacune defquelles on payera neuf cents milles livres de rente, fuivant la diftribution cotée N⁰. III.

La feconde époque contiendra l'efpace des deux années fuivantes, pendant chacune defquelles on payera un million cinquante mille livres de rente fuivant la diftribution N⁰. IV.

La troifieme époque contiendra l'efpace des deux années fuivantes, pendant chacune defquelles on payera douze cents mille livres de rente, fuivant la diftribution N⁰. V.

La quatrieme époque contiendra l'efpace des deux années fuivantes, pendant chacune defquelles on payera quinze cents mille livres de rente, fuivant la diftribution N⁰. VI.

La cinquieme époque fixera les rentes viageres à payer la neuvieme année & les fuivantes , jufqu'à la mort de la Perfonne, ou Perfonnes, fur qui fera placée la rente, pendant chacune defquelles on payera dix-huit cents mille livres de rente ; fuivant la diftribution N⁰. VII.

Le payement defdites rentes fera fait toutes les années dans Madrid, Genes ;. Hambourg & Laufanne en Suiffe , où l'emprunt fera ouvert, il fera en outre établi des Payeurs des rentes dans les principales Villes de l'Europe, pour la facilité des Etrangers qui fe feront intéreffés à cet Emprunt, dont le public fera inftruit par la lifte générale du tirage des rentes.

Les paiemens commenceront à s'exécuter dans le mois de Juillet de l'année 1776 ; & continueront toutes les années à pareil tems, jufqu'à l'extinction ; il fera fait en argent de France effectif, fur le pied du titre & poids actuel des efpeces, malgré toutes les variations qui pourroient y furvenir, ou en argent du Pays où fe fera les paiement, au cours de cet argent avec celui de France, fur la préfentation & vérification des Billets, Reconnoiffances ou Contrats ; & afin que les Conceffionnaires puiffent juftifier toutes les années de l'acquit des Rentes, il fera fait des Quittances à double, dont l'une reftera au Payeur pour fa décharge, & l'autre fera envoyée à la Compagnie pour être remife au Juge, confervateur des fonds, afin qu'il les paffe au Confeil, & foit, ce fuprème Tribunal, affuré de la bonne foi & accompliffement du Contrat.

Les Rentes échues aux Billets d'Emprunt, dans les quatre premieres Epoques, ne feront point fujettes à extinction pendant ce terme, elles feront conftamment payées aux Porteurs toutes les années ; encore que dans l'intervalle des huit années que comprennent ces quatre premieres Epoques, les perfonnes fur la tête defquelles ces Rentes font conftituées, foient mortes ; mais fi au premier Juillet 1784, que commence la cinquieme Epoque, ceux fur qui la Rente a été placée font morts, elle ceffera d'être payée.

Comme des Rentes viageres d'une si petite somme seroient en partie consommées par les frais de Certificat de vie pour ceux qui n'auront qu'un seul Billet, elles pourront être placées sur des Têtes couronnées, Princes Souverains, ou Princes du Sang de l'Europe; & comme l'on fait toujours lorsque des Têtes de cette importance sont mortes, la Rente viagere cessera d'être payée l'année d'après leur mort.

Ceux qui voudront cependant placer les Rentes échues à leurs Billets sur leur tête, en seront les maîtres; la Compagnie leur fera remettre un Contrat de constitution sans aucuns frais; mais il ne pourra être d'une somme au-dessous de cent livres de France de Rente, & ils seront obligés de présenter un Certificat de vie de la personne sur qui sera placée la Rente pour la recevoir.

L'on pourra aussi réunir les Rentes de plusieurs Billets en une seule Reconnoissance, & les placer sur diverses têtes dans un même Contrat.

Chaque Porteur de Billet s'adressera, dans l'espace de trois mois, après la publication de la Liste générale, à l'un des Payeurs des Rentes, pour lui indiquer sur qui il veut placer les Rentes échues à son Billet dans les cinq tirages, ce qui sera écrit tout de suite au dos des Billets, sans pouvoir être changé; & en payant la premiere année des Rentes, on fera l'échange des Billets d'Emprunt contre une Reconnoissance, suivant le modele N°. II. qui contiendra les cinq différentes sommes que le sort aura fixé à chaque billet, avec le nom de celui sur qui elle sera placée.

Le tirage des Billets & Rentes de cet Emprunt s'exécutera publiquement à Madrid, en présence & sous l'autorité des Magistrats qui seront, pour cet effet, nommés par le Roi & le Conseil, l'année 1776, & l'on procédera à ce tirage de la maniere suivante:

Il y aura dans la Salle du tirage six roues; la premiere contiendra les numéros des deux cens cinquante mille Billets d'Emprunt, & sera marquée, *Roue des Numéros des Billets d'Emprunt.*

La seconde Roue contiendra les deux cens cinquante mille Rentes de la premiere Epoque, payable les années 1776 & 1777.

La troisieme Roue contiendra les deux cens cinquante mille Rentes de la seconde Epoque, payable les années 1778 & 1779.

La quatrieme Roue contiendra les deux cens cinquante mille rentes de la troisieme Epoque, payable les années 1780 & 1781.

La cinquieme Roue contiendra les deux cens cinquante mille Rentes de la quatrieme Epoque, payable les années 1782 & 1783.

La sixieme Roue contiendra les deux cens cinquante mille Rentes de la cinquieme Epoque, payable l'année 1784 & toutes les suivantes, jusqu'à la mort de la personne sur qui lesdites Rentes seront placées.

On tirera un Billet de la Roue des numéros des Billets; & après l'avoir inscrit en présence desdits Magistrats & telles autres personnes, qui rendront authentiques le sort des Billets; on tirera successivement un Billet de chacune des Roues composant les cinq Epoques, qui fixera & déterminera les intérêts du numéro sorti, & ainsi de suite jusqu'à la fin.

Toutes les séances s'ouvriront & se fermeront en présence du Public; l'un des Magistrats qui présidera à ce tirage aura une des clefs de chaque Roue qui fermeront à deux serrures, & l'un des Concessionnaires aura l'autre.

Il y aura aussi dans la Salle voisine du tirage un Corps-de-garde, & des Gardes qui veilleront jour & nuit à la sûreté des Roues, depuis le commencement du tirage jusqu'à sa fin totale.

On délivrera au Public des Listes particulieres de chaque tirage, & à la fin on distribuera la Liste générale qui indiquera le lieu & le nom des Payeurs des Rentes, comme ci-après, & qui sera formée à la maniere suivante:

LISTE

LISTE GÉNÉRALE

Des Rentes échues aux Billets d'Emprunt du Canal Royal de Murcie, Lieux des Paiemens, & les Noms des Payeurs desdites Rentes.

NUMEROS des BILLETS.	RENTES de la premiere Epoque de 1776 & 1777.	RENTES de la seconde Epoque de 1778 & 1779.	RENTES de la troisieme Epoque de 1780 & 1781.	RENTES de la quatrieme Epoque de 1782 & 1783.	RENTES de la cinquieme Epoque de 1784 & années suivantes, jusqu'à la mort des personnes sur la tête de qui elles seront placées.	LIEUX des Paiemens des Rentes.	NOMS des Payeurs des Rentes.

COTE I.

EMPRUNT EN RENTES VIAGERES

Pour le Canal Royal du Royaume de Murcie, à construire par les Sieur PIERRE PRADEZ & Compagnie, qui en sont les Entrepreneurs, conformément à leur Contrat, sous l'hypotheque dudit Canal, ses Concessions, Revenus, Graces & Prérogatives accordées à ladite Compagnie, par Cédule Royale de SA MAJESTÉ CATHOLIQUE & de son suprême Conseil de Castille, en date du quatre Juin mil sept cent soixante-quinze.

NUMÉRO

N°.

LE PORTEUR a payé soixante livres tournois pour le présent Billet ; dont les intérêts seront fixés, au moyen de cinq tirages de différentes Rentes, qui seront exécutés en même tems à Madrid l'année 1776, conformément au Plan de distribution, en présence & sous l'autorité des Magistrats nommés par Sa Majesté Catholique. Le présent Billet d'Emprunt sera remplacé, pour sa valeur, dans le mois de Juillet de l'année 1776, en payant en même tems la premiere année des Rentes, par une Reconnoissance ou Contrat de constitution, qui fera mention des différentes sommes d'intérêts à lui échues par le sort, relativement aux cinq Epoques des paiemens à faire par ladite Compagnie, & le nom de celui sur la tête de qui sera placée la Rente, ainsi que le lieu où devra être fait le paiement, qui s'exécutera sans frais ni retenue pour l'Intéressé.

PRADEZ & Compagnie.

Comme Commissaire nommé par le Conseil,

MANUEL DE CARRANZA.

COTE II.

NUMÉRO

N°.

RECONNOISSANCE des Rentes viageres échues, par le fort des Tirages, au Billet d'Emprunt, NUMÉRO

suivant la Lifte fignée
pour le Canal Royal du Royaume de Murcie ; qui doit fe conftruire par les Sieur PIERRE PRADEZ & Compagnie qui en font les Entrepreneurs, conformément à leur Contrat, fous l'hypotheque dudit Canal, fes Conceffions, Revenus, Graces & Prérogatives accordées à ladite Compagnie, par Cédule Royale de SA MAJESTÉ CATHOLIQUE & de fon fuprème Confeil de Caftille, en date du 4 Juin 1775 ; lequel Billet   rapporté la fomme de . . . . livres de France pour les intérêts de la premiere Epoque, payable le mois de Juillet des années 1776 & 1777.
Et la fomme de   livres de France pour les intérêts de la feconde Epoque, payable le mois de Juillet des années 1778 & 1779.
Et la fomme de   livres de France pour les intérêts de la troifieme Epoque, payable le mois de Juillet des années 1780 & 1781.
Et la fomme de   livres de France pour les intérêts de la quatrieme Epoque, payable le mois de Juillet des années 1782 & 1783.
Pendant ces quatre Epoques, les Porteurs des Billets, Reconnoiffance ou Contrat feront conftamment payés, quoique la perfonne fur la tête de qui fera placée la Rente fût morte pendant cet intervalle.
Et la fomme de   livres de France pour les intérêts de la cinquieme Epoque, placées fur l   tête de

payable l'année 1784 & toutes les fuivantes, jufqu'à la mort de   perfonne ci-deffus défignée, en argent de France, fur le pied du titre & poids actuel des efpeces, malgré toutes les variations qui pourroient y furvenir, ou au cours de la place de l'argent de France avec celui du lieu où fe fera le paiement, fans aucuns frais ni retenue pour l'Intéreffé.

Compagnie Royale du Canal Royal du Royaume de Murcie,

PRADEZ & Compagnie.

La préfente Reconnoiffance fera vifée & fignée par le Payeur des Rentes, chargé de payer les intérêts dans le lieu où elle fera délivrée.

DISTRIBUTION DES RENTES
DANS LES CINQ ÉPOQUES.

PREMIERE ÉPOQUE.

900000 livres tournois, divifées en 250000 Rentes, payables les années 1776 & 1777.

			liv.
1	Rente de		20000
1	de		15000
1	de		10000
1	de		6000
1	de		4080
2	de	2400 l.	4800
3	de	1800	5400
5	de	1000	5000
8	de	720	5760
12	de	500	6000
20	de	300	6000
25	de	200	5000
40	de	100	4000
50	de	60	3000
60	de	36	2160
70	de	30	2100
100	de	24	2400
200	de	12	2400
300	de	9	2700
500	de	7 l. 4 f.	3600
600	de	6	3600
1000	de	5	5000
2000	de	4 l. 10 f.	9000
5000	de	4	20000
30000	de	3 l. 8 f.	102000
60000	de	3 l. 5 f.	195000
150000	de	3	450000

250000 Rentes.　　　　　　　　　900000

____

SECONDE ÉPOQUE.

1050000 livres tournois, divisées en 250000 Rentes, payables
les années 1778 & 1779.

			liv.
1 Rente de			30000
1 de			20000
1 de			15000
1 de			10000
1 de			6380
2 de		3600	7200
3 de		2400	7200
5 de		1500	7500
8 de		1200	9600
12 de		1000	12000
20 de		720	14400
25 de		600	15000
40 de		500	20000
50 de		300	15000
60 de		200	12000
70 de		100	7000
100 de		60	6000
200 de		24	4800
300 de		12	3600
500 de		9	4500
600 de		7 l. 4 f.	4320
1000 de		6	6000
2000 de		5	10000
5000 de		4 l. 10 f.	22500
30000 de		4	120000
60000 de		3 l. 10 f.	210000
150000 de		3	450000

____

250000 Rentes.   1050000

TROISIEME ÉPOQUE.

1200000 livres tournois, divifées en 250000 Rentes, payables les années 1780 & 1781.

			liv.
1 Rente de			36000
1 de			24000
1 de			16000
1 de			10000
1 de			6500
2 de	4000		8000
3 de	3200		9600
5 de	1800		9000
8 de	1200		9600
12 de	1000		12000
20 de	900		18000
25 de	720		18000
40 de	600		24000
50 de	400		20000
60 de	300		18000
70 de	200		14000
100 de	100		10000
200 de	60		12000
300 de	24		7200
500 de	12		6000
600 de	9		5400
1000 de	7 l. 4 f.		7200
2000 de	6		12000
5000 de	5		25000
30000 de	4 l. 10 f.		135000
60000 de	4		240000
150000 de	3 l. 5 f.		487500

250000 Rentes.   1200000

QUATRIEME ÉPOQUE.

1500000 livres tournois, divisées en 250000 Rentes, payables les années 1782 & 1783.

			liv.
1 Rente de			60000
1 de			36000
1 de			24000
1 de			15000
1 de			8200
2 de		6000	12000
3 de		5000	15000
5 de		4000	20000
8 de		2400	19200
12 de		1000	12000
20 de		800	16000
25 de		720	18000
40 de		600	24000
50 de		500	25000
60 de		400	24000
70 de		300	21000
100 de		200	20000
200 de		100	20000
300 de		60	18000
500 de		24	12000
600 de		12	7200
1000 de		9	9000
2000 de		7 l. 4 f.	14400
5000 de		6	30000
30000 de		5	150000
60000 de		4 l. 10 f.	270000
150000 de		4	600000

250000 Rentes.   1500000

CINQUIEME ÉPOQUE.

2800000 livres tournois, divisées en 250000 Rentes, payables l'année 1784 & les suivantes.

				liv.
1 Rente de				100000
1 de				60000
1 de				30000
1 de				20000
1 de				14800
2 de		9000 l.		18000
3 de		6000		18000
5 de		5000		25000
8 de		3600		28800
12 de		2400		28800
20 de		1500		30000
25 de		1000		25000
40 de		800		32000
50 de		600		30000
60 de		400		24000
70 de		300		21000
100 de		200		20000
200 de		100		20000
300 de		36		10800
500 de		24		12000
600 de		18		10800
1000 de		12		12000
2000 de		9		18000
5000 de		7 l. 4 f.		36000
30000 de		6		180000
60000 de		5		300000
150000 de		4 l. 10 f.		675000

250000 Rentes.   2800000

Et afin que ce qui eſt réſolu par moi ait ſon plein & [entier] effet , il eſt accordé d'expédier ma préſente Royale Cédule ; par laquelle j'approuve & confirme en tout , & pour tout , les conditions & articles qui ſont inſérés en icelle , & j'accorde aux ſieur Pierre Pradez & Compagnie, toutes les graces, privileges & exemptions contenues aux-dits articles , accompliſſant de leur part ce à quoi ils s'obligent : & à cet effet je veux que ma préſente Royale Cédule leur ſerve de titre en forme , comme s'il étoit expédié avec totale ſéparation pour chacun deſdits articles ou conditions ; & avec toutes les clau-ſes , forces & ſûretés que diſpoſe le droit, leſquelles je conſidére être ici jointes , & j'or-donne à ceux de mon Conſeil, Préſidens & Auditeurs des Audiences & Chancelleries, & à tous les autres Tribunaux , Juges & Juſtices de mes Royaumes, à qui ma préſente Royale Cédule ſoit dirigée, ou qu'avec elle ils ſoient requis , voient les articles & condi-tions qui y ſont jointes ſur l'ouverture du Canal d'arroſage & navigation , avec les eaux des rivieres Caſtril , Guardal & autres du Royaume de Murcie, & les gardent, ac-compliſſent & exécutent en tout & pour tout , ſuivant & comme ſont leſdits articles par moi approuvés , & à chacune de ſes conditions eſt contenu, ſans permettre qu'il y ſoit contrevenu en aucune maniere ; mais au contraire vous contribuerez , reſpectivement avec l'aide néceſſaire, à ce qu'ait effet un ouvrage, qui, fini, produira les plus grands avantages à mes Royaumes, & vous ne conſentirez point qu'il ſoit fait à ladite Com-pagnie aucune vexation, ni lui donnerez aucun motif de juſte plainte ; parce que du contraire il ſera pris, par mon Conſeil, les plus ſérieuſes diſpoſitions, qui ſerviront d'exemples, en conſéquence de la commiſſion que je lui ai donnée, afin qu'il aide & favoriſe de ſa part cet ouvrage , conformément à la protection qu'il mérite par ſon eſſence ; & vous, dites Juſtices & Juge particulier dudit Canal, vous procé-derez, avec toute la rigueur de droit, contre ceux qui cauſeront des dommages, ſoit en icelui , comme aux plantations immédiates qui y ſeront faites , rendant compte à mon Conſeil de ce qui conviendra aux meilleurs progrès des ouvrages & bon emploi de ſes fonds, & à toutes les cauſes qui auront rapport aux ouvrages, dont vous connoitrez ; conformément à l'article L X V I : Vous admettrez les appellations que de vos ſentences & ordonnances s'interjetteront par les parties, en temps & due forme, pour mon Conſeil en Chambre de Juſtice ou de Gouvernement, ſuivant l'occurence des cas, comme il eſt déclaré au même article , & point pardevant d'autre Juge, ni Tribunaux aucuns, attendu qu'aux autres Conſeils, Chancelleries, Audien-ces, Tribunaux & Juſtices, je les inhibe, & les tiens pour inhibés d'en pouvoir connoitre, nonobſtant toutes loix, pragmatiques , ordres, expéditions, conditions des ſervices des millions, & les autres us & coutumes qu'il y ait ou puiſſe avoir eu contre, non ſeulement pour ce cas, mais auſſi pour tout le ſurplus de l'accompliſſement deſdits articles ; & en ce qui peut être contraire à iceux, je diſpenſe & déroge, les déclarans d'aucune valeur ni effet, les laiſſant en leur force & vigueur pour le ſurplus à l'avenir, CAR AINSI EST MA VOLONTÉ : & qu'aux copies imprimées de ma préſente Cédule, ſignées du ſieur Antoine Martinez - Salazar, mon Secrétaire, Contrôleur Major des Comptes de mes Royales Finances, & Notaire de la Chambre le plus ancien, & de Gouvernement de mon Conſeil, ſoit donné la même foi & crédit qu'à ſon original. DONNÉE à Aranjuez, le 4 Juin 1795. ▬ MOI LE R O I. ▬ Moi ſieur Joſeph-Ignace de Goyeneche, Secrétaire du Roi notre Seigneur, je l'ai fait écrire par ſon ordre. Regiſtré & ſigné, ſieur Nicolas Berdugo, Lieutenant de Chancelier Majeur. Droits, ſoixante-dix réaux de billon. *Signé*, Nicolas Berdugo, ▬ ſieur Manuel Ven-ture de Figueroa, ▬ ſieur Paul de Mora & Jaraba, ▬ ſieur Ignace de Sainte-Clara, ▬ ſieur Manuel de Villafana , ▬ & ſieur Emanuel Arpilauta.

Et plus bas eſt écrit : Votre Majeſté approuve, [par la préſente Royale Cédule], le Projet propoſé par les ſieur Pradez & Compagnie, pour l'exécution d'un Canal de navigation & arroſage , pour les campagnes de Lorca, Murcie & Carthagene, ſous les conditions y contenues.

Notariat de la Chambre du Gouvernement. *Collationné avec un paraphe.*

E

Je fouffigné , Penfionnaire du Roi , Secrétaire - Interprête de Sa Majefté pour les langues Efpagnole & Portugaife , de la Société Royale de Londres , certifie à tous qu'il appartiendra, la traduction ci-deffus & des autres parts, contenue en 42 pages, conforme à fon original Efpagnol , par moi paraphé au commencement & à la fin, lequel original contient la légalifation de Monfieur le Marquis d'Offun, Ambaffadeur de France en Efpagne , avec le fceau de fes Armes ; ledit original porte le grand fceau des Armes d'Efpagne : au furplus, tout ce qui dans cette traduction fe trouve embraffé par des crochets , je déclare n'être pas dans l'original, & n'avoir été ajouté que pour mieux en faire entendre le fens. En foi de quoi j'ai figné le préfent & y ai mis mon cachet d'Interprête, portant les Armes du Roi, avec mon nom autour, ainfi que je l'ai pareillement mis au commencement & à la fin de l'original. A Paris , ce quatrieme jour du mois d'Août, de l'an mil fept cent foixante-quinze.

PEREIRE.

PATENTE ROYALE

DE SA MAJESTÉ,

ET DE SON SUPRÊME CONSEIL

DE CASTILLE,

Qui approuve le CONTRAT DE SOCIÉTÉ, REGLEMENS *&* ORDONNANCES *formés par les Sieur* PIERRE PRADEZ *& Compagnie, pour la construction d'un Canal d'Arrosage & de Navigation, pour rendre fécondes les Campagnes de Lorca, Totana, Carthagene & autres du Royaume de Murcie.*

ANNÉE   1775.

E 2

CHARLES, PAR LA GRACE DE DIEU, Roi de Caſtille, de Leon, d'Arragon, des Deux-Siciles, de Jéruſalem, de Navarre, de Grenade, de Tolede, de Valence, de Galice, de Majorque, de Séville, de Sardaigne, de Cordoue, de Corſe, de Murcie, de Jaen, Seigneur de Viſcaye & Molina, &c. Attendu qu'il Nous fut repréſenté par le ſieur Pierre Pradez, le deſir de perfeſtionner l'entrepriſe & conſtruſtion d'un Canal de navigation & arroſement, pour les campagnes du Royaume de Murcie, Lorca & Carthagene, ainſi qu'il avoit été intenté en différens temps & regnes, depuis celui de Philippe II, comme très-important & avantageux au Royaume & à toute la Monarchie, lequel Projet ne put avoir ſon effet, à cauſe des continuelles guerres & autres événemens dont il fallut s'occuper; ledit ſieur Pradez étant en état & avec les fonds néceſſaires pour entreprendre cet ouvrage, Nous ſupplia de lui admettre ſa propoſition, ſous les conditions & paſtes qu'il Nous préſenta; ce qu'ayant eu pour convenable, & remis à notre Conſeil, vu & examiné en icelui ledit Projet, avec l'Audience de nos Fiſcaux, il fut approuvé, & ordonné que ledit ſieur Pierre Pradez formeroit la Compagnie qu'il propoſoit pour l'entrepriſe dudit ouvrage, ſous les paſtes, ſtipulations & conventions qu'ils auroit pour agréable, faiſant les réglemens & ordonnances néceſſaires pour la meilleure régle & régie; pour les préſenter à notre Conſeil, pour ſon approbation & ſûreté; en conſéquence furent préſentés par ledit ſieur Pradez à notre Conſeil, le 22 Février de cette année; le contrat de Compagnie [ou Société], qui fait mention des Aſſociés, & les réglemens de cette Compagnie pour ſa régie & régle, ſous la date du dix-neuf du même mois de Février, qui ſont de la teneur ſuivante.

CONTRAT DE COMPAGNIE,

Qui déclare les Aſſociés & Conditions d'icelle.

NOUS, ſieur Alphonſe de Velaſco, Procureur ſpécial fondé de leurs Alteſſes Royales le Prince & la Princeſſe des ASTURIES : ſon Excellence le Duc d'Hixar, ſieur Pierre Pradez, ſieur Joſeph de Roxas, Brigadier des Armées du Roi, ſieur Vincent-Fernando de Gorriti, ſieur Floris Wiſcher-Heshuiſen, pour lui & comme Aſſocié de la Compagnie dénommée, Adolfo-Jean Heshuyſen & Compagnie, d'Haarlem en Hollande, ſieur Manuel Paulin, comme Procureur fondé du ſieur Jean-Nicolas de la Corbiere, ledit ſieur Alphonſe de Velaſco, pour lui, ſieur Joſeph Martinez de Viergol, Sr Jean Soret & Sr François Boizot, Ingénieur, tous habitans de cette ville, à l'exception dudit ſieur Floris, qui n'eſt que réſident en icelle : Nous étant aſſemblés dans l'une des maiſons que nous habitons : Nous diſons, qu'en conſéquence de ce que ledit ſieur Pradez avoit été de Sarragoſſe, où il demeuroit pour lors, à la ville de Geneve, & ſtipulé avec ledit ſieur noble Jean-Nicolas de la Corbiere, Citoyen de cette République, & habitant de la ville de Lyon en France, que ce dernier devoit lui chercher & donner en prêt DOUZE MILLIONS de livres tournois en rentes viageres, conformément aux plans remis par ledit ſieur de la Corbiere, pour la conſtruſtion d'un Canal d'arroſage & navigation dans le Royaume de Murcie; ſur quoi ils reſterent d'accord, ſous certains paſtes & conditions, contenus dans le contrat qu'ils paſſerent le 31 Août de l'année 1773, à Geneve, pardevant Jacques-Antoine du Roveray, Notaire public & Juſt de la même République; qui, traduit en notre langue par ſieur Philippe Samaniegſt de la teneur ſuivante.

CONTRAT

ENTRE PRADEZ ET DE LA CORBIERE.

Au DOS EST ÉCRIT : Conventions entre fieur Pierre Pradez, natif de Bedarieux en Languedoc, habitant de Sarragoffe en Efpagne, d'une part ; & noble Jean-Nicolas de la Corbiere, citoyen de Geneve, habitant à Lyon, d'autre part, du 31 Août 1773. Comme ainfi foit que le Sr Pierre, fils de feu Sr Pierre Pradez, Négociant, habitant à Saragoffe, dans le Royaume d'Arragon en Efpagne, ait obtenu, [en fon propre & privé nom], de Sa Sacrée Majefté Catholique, le Roi des Efpagnes & des Indes, & de fon Suprême Confeil de Caftille, les permiffions néceffaires pour lever le plan d'un Canal d'arrofement dans le Royaume de Murcie, & faire à ce fujet toutes les autres opérations requifes. Qu'enfuite defdites permiffions, il ait, jufqu'à préfent, fourni feul à tous les frais que cette entreprife a occafionnés ; que cependant ne pouvant fatisfaire par lui-même aux divers détails qu'elle exigera, non plus qu'aux autres frais qui reftent à faire, & qui font très-confidérables, il ait penfé à former pour cet objet une Compagnie ou Société, avec les particuliers qu'il fe choifira pour y concourir. Qu'enfuite, vu la néceffité abfolue de recourir-à des emprunts, il ait propofé au fieur Jean-Nicolas de la Corbiere, citoyen de Geneve, de l'aider dans cette entreprife, en lui procurant les moyens de faire un Emprunt de DOUZE MILLIONS de livres tournois, dont il a befoin pour cette entreprife ; que lédit fieur de la Corbiere auroit confenti à la demande dudit fieur Pradez, & à lui facrifier en conféquence un plan d'Emprunt, fur lequel il eft déja en négociation avec diverfes Cours de l'Europe, & au moyen duquel il eft affuré de trouver la fomme requife ; que de fon côté le fieur Pradez, sûr de l'approbation de SA MAJESTÉ CATHOLIQUE, & de fon Suprême Confeil de Caftille, pour les diverfes claufes qni doivent entrer dans ledit plan du fieur de la Corbiere, en tant qu'elles faciliteront un Emprunt abfolument néceffaire à une entreprife auffi utile que celle dont il s'agit, auroit envifagé le confentement du fieur de la Corbiere, comme très-avantageux pour lui, & qu'en conféquence il auroit été fait, entre lefdits fieurs Pradez & de la Corbiere, des conventions pour déterminer, d'une maniere précife, la nature & l'étendue des engagemens à prendre par chacun d'eux, & la rétribution qui devra revenir au fieur de la Corbiere, pour les peines & foins qu'il fe donnera dans cette affaire ; defquelles conventions, les Parties défirant paffer acte public & authentique, cejourd'hui trente-unieme Août mil fept cent foixante-treize, après midi, pardevant moi Jacques-Antoine du Roverai, Notaire public, Juré, citoyen de Geneve, fouffigné : ont comparu le fieur Pierre, fils de feu fieur Pradez, natif de Bedarieux en Languedoc, habitant à Sarragoffe dans le Royaume d'Arragon, Entrepreneur du Canal d'Arragon en Efpagne, de préfent en cette ville, d'une part ; & noble Jean-Nicolas, fils de feu noble François de la Corbiere, citoyen de cette République, réfidant ordinairement dans la ville de Lyon, d'autre part ; lefquels comparans, de leur bon gré, toutes mutuelles ftipulations & acceptations à ce intervenans, ont dit & déclaré, difent & déclarent, avoit fait en-tr'eux les conventions & arrangemens ci-après : SAVOIR ; PREMIEREMENT, le fieur Pradez s'engage à former une Compagnie ou Société pour l'entreprife de la conftruc-tion du fufdit Canal Royal d'arrofement du Royaume de Murcie. L'intérèt de tous les membres de ladite Compagnie à l'entreprife dudit Canal, & avantages en réfultans, fera repréfenté par une livre de cent fols, ou parties égales. SECONDEMENT, le fieur Pradez, tant en fon propre qu'au nom de ladite Compagnie, promet & s'oblige d'obtenir en fa faveur & de ladite Compagnie, une Conceffion de SA MAJESTÉ CA-THOLIQUE, & de fon Suprême Confeil de Caftille, pour la conftruction dudit Canal

Royal, [laquelle devra être au moins pour soixante années], ensemble l'autorisation nécessaire pour les Emprunts dont il sera besoin, & ce, sous les clauses, charges, pactes & conditions, énoncés dans le plan du sieur de la Corbiere, lequel plan devra être agréé par le sieur Pradez, & pour cet effet, lui sera exhibé par ledit sieur de la Corbiere, dans le terme de huit jours. TROISIEMEMENT, le sieur de la Corbiere promet & s'oblige à former une Compagnie de Prêteurs, en conformité dudit plan, pour la somme de DOUZE MILLIONS de livres tournois; promettant, tant en son propre & privé nom, qu'au nom de sadite Compagnie, de fournir au sieur Pradez & à sa Compagnie, ladite somme de DOUZE MILLIONS de livres tournois, dans le terme de six mois, à compter du jour où ledit sieur de la Corbiere aura connoissance de la Cédule Royale, portant concession & autorisation pour l'Emprunt ci-dessus, & en tant que ladite Cédule sera conforme au plan susdit. QUATRIEMEMENT, & pour cet effet, aussitôt après que ladite Cédule Royale aura été expédiée, le sieur Pradez ou sa Compagnie, fera passer au sieur de la Corbiere, les récépissés des rentes de l'Emprunt de DOUZE MILLIONS, afin que celui-ci puisse les négocier promptement, & à mesure que lesdits récépissés seront placés, ledit sieur de la Corbiere fera toucher audit sieur Pradez, ou à sa Compagnie, les remises à Madrid, en lettres de change, à quatre-vingts-dix jours de date, au meilleure change possible, sous la déduction de trois pour cent de commission & des frais de courtage, sur le pied d'un huitieme pour cent. CINQUIEMEMENT, indépendamment des trois pour cent de commission, & frais de courtage susmentionnés, le sieur de la Corbiere aura en outre le droit de retenir pour soi, vingt-quatre livres de courtage par chaque mille livres, pour les peines que lui causera la négociation, fourniture & expédition desdits DOUZE MILLIONS. SIXIEMEMENT, le sieur de la Corbiere ou sa Compagnie, nommeront, avec l'agrément de la Compagnie du sieur Pradez, les différentes maisons qui seront préposées au paiement des intérêts annuels des DOUZE MILLIONS dudit Emprunt, & la Compagnie dudit sieur Pradez fera exactement remise tous les ans auxdites maisons, des sommes nécessaires pour le paiement desdits intérêts, aux époques qui seront fixées à cet effet, & allouera auxdites *maisons un pour cent de commission*, sur le montant des paiemens qu'ils feront desdit intérêts annuels. SEPTIEMEMENT, en rétribution du service que le sieur de la Corbiere rend en cette occasion au sieur Pradez, & en paiement des grandes peines & des soins qu'il prendra pour opérer la réussite de l'entreprise dont il s'agit, il est expressément convenu que le sieur Pradez, cède, relâche & abandonne, tant pour lui que pour sa Compagnie, purement, simplement, irrévocablement, & en la meilleure forme, audit sieur de la Corbiere, aux siens ou ayans cause, un tiers d'intérêt, c'est-à-dire, trente-trois sols & un tiers dans l'entreprise dudit Canal; voulant & entendant, qu'à raison de ladite Cession, ledit sieur de la Corbiere, les siens ou ayans cause, aient un tiers de tous les bénéfices nets qui résulteront de ladite entreprise, comme encore de toutes les concessions, graces & prérogatives que SA MAJESTÉ CATHOLIQUE accordera à ladite Compagnie du sieur Pradez, pendant la durée de sa Concession, & que ledit sieur de la Corbiere, les siens ou ayans cause, puissent, en vertu de cette Cession, jouir & disposer dudit tiers d'intérêt, dans ladite entreprise, comme de leur bien propre, à eux légitimement appartenant. HUITIEMEMENT, & pour veiller à la portion d'intérêt que ledit sieur de la Corbiere acquiert par les présentes, dans la Compagnie à former par ledit sieur Pradez, il sera loisible audit sieur de la Corbiere, aux siens ou ayans cause, de nommer, révoquer, & nommer de nouveau à son choix, un représentant chargé de procuration, pour agir auprès de ladite Compagnie du sieur Pradez, tout comme ses constituans le feroient eux mêmes, & veiller & travailler, tant au bien commun de la Société & Compagnie du sieur Pradez, qu'à celui du sieur de la Corbiere, & des siens ou ayans cause en particulier, lequel dit représentant & chargé de pouvoir, devra avoir en mains une des clefs de la caisse de la Compagnie, où seront renfermées, tant les sommes dudit Emprunt, que les profits qui résulteront de ladite entreprise, & pour les honoraires dudit repréfentant, il lui fera payé annuellement, par la Compagnie du fieur Pradez, & aux frais d'icelle, un appointement de fix mille livres tournois, pendant tout le temps que durera ladite Compagnie, jufqu'à fon entiere liquidation. NEUVIEMEMENT, le fieur Pradez promet & s'oblige, lorfqu'il formera ladite Compagnie dont il s'agit, de faire approuver à tous les Intéreffés en icelle, tous & un chacun des articles ci - deffus, comme une condition effentielle, fans laquelle il ne formeroit pas avec eux ladite Société & Compagnie. Ainfi fait & convenu entre lefdits fieurs Comparans, qui ont promis avoir à gré tous & un chacun des articles ci-deffus, & de les obferver en leur entier, fuivant leur forme & teneur, à peine de tous dépens, dommages & intérêts, & à l'obligation réciproque de tous leurs biens préfens & à venir; & fpécialement les divers droits & prérogatives qu'obtiendra le fieur Pradez de SA MAJESTÉ CATHOLIQUE, relativement à l'entreprife dont il s'agit, feront hypothéqués & affectés en faveur dudit fieur de la Corbiere, pour la fûreté des avantages qui lui font promis par le préfent acte : lefdits Srs Comparans fe foumettent à cet effet à toutes Cours, fe conftituant refpectivement les biens ci-deffus, & renonçant à tous droits & loix contraires au préfent acte. FAIT & lu aux Parties, à Geneve, en mon étude, en préfence des Srs Jean-Jacques Claviere, fils, Négociant, citoyen de Geneve, & Jean-Baptifte Jordan, du Bailliage de Mondon en Suiffe, demeurant à Geneve, témoins requis, & fignés avec moi, Notaire. — Collationné à la minute & expédié en faveur du fieur Pradez, par moi Notaire, fouffigné. — Jacques du Roveray, Notaire.

NOUS SYNDICS & CONSEIL de la ville & République de Geneve ; certifions à tous ceux qu'il appartiendra, que fpectable Jacques-Antoine du Roveray, Avocat, qui a figné l'acte ci-deffus, eft Notaire public, Juré de cette République, & que foi doit être ajoutée, tant en jugement que dehors, à tout ce qu'il figne en cette qualité ; en foi de quoi Nous avons donné les préfentes, fous notre fceau & feing de notre Secrétaire, le troifieme Septembre mil fept cent foixante-treize. Par mefdits Seigneurs, Syndics & Confeil. — Lullin. — Lieu du fceau de la République de Geneve.

Je certifie moi, fieur Philippe de Samaniego, Chevalier de l'Ordre de Saint Jacques, du Confeil de Sa Majefté, fon Secrétaire, & de l'interprétation des Langues, que cette traduction eft bien & fidellement faite en Caftillan, de l'exemplaire François qui m'a été exhibé à cet effet, Madrid, 31 Janvier 1774. Philippe de Samaniego. Droits, foixante-dix-fept réaux douze maravedis de billon. Enregiftré folio 377. Lequel contrat & quantité de douze millions de livres, fut augmenté poftérieurement par un autre acte particulier, entre lefdits fieurs Pradez & de la Corbiere, à quinze millions de livres tournois, comme il paroit par la lettre écrite à Pradez, le 25 Septembre de la même année, préfentée au Confeil, laquelle propofition fut faite par Pradez à Sa Majefté, qui ayant ordonné au Royal & Suprême Confeil de Caftille, qu'il traitât avec Pradez de la maniere & forme que l'ouvrage devoit être fait, & paffer le contrat avec Sa Majefté, ledit Pradez préfenta fon mémoire, fous la date du 15 Janvier 1774, il fut examiné avec l'Audience de MM. les Fifcaux, & après plufieurs conférences, il fut réduit à une convention formelle, que Sa Majefté approuva, fous divers pactes & conditions, contenus en détail dans la procédure & documens, qui exiftent au Greffe de la Chambre du Gouvernenr dudit Confeil, à la du charge fieur Antoine Martinez de Salazar ; parmi lefquelles conditions approuvées, la premiere, du paraphe troifieme dudit mémoire, dit ainfi :

« Pour cette entreprife pourra le fieur Pierre Pradez former une Compagnie,
» fous les pactes, ftipulations & conditions qu'il trouvera convenables, fous le nom
» de Compagnie Royale du Canal Royal du Royaume de Murcie : pour fa régie il
» formera les réglemens & ordonnances qu'il confidérera utiles, & le tout fera
» préfenté au Confeil pour fon approbation ; cela fait, il fera expédié la fuffifante
» Cédule

» Cédule Royale ; afin que ces ordonnances s'obfervent & gardent comme loix for-
» melles des Affociés ; & pour leur obfervance & accompliffement, le Juge du
» Canal y veillera, en ufant de tous les moyens poffibles ». — En conféquence de
ce qui eft dit dans la condition inférée, & à ce qui eft ordonné par le Confeil, ledit
fieur Pierre Pradez & les autres dénommés, nous paffons tous affemblés, à traiter entre
nous, la maniere de former ladite Compagnie, & en effet nous fommes convenus
d'être membres d'icelle, comme auffi fon Excellence M. Manuel Azlor, Lieutenant
Général des Armées du Roi, Gouverneur de la place de Gironne, où il fe trouve ;
qui devra remettre fa procuration, pour ratifier le traité, fous les regles, conditions
& obligations fuivantes.

CONDITIONS.

I. Cette Compagnie eft actuellement compofée de fon Alteffe Royale le Prince
des Afturies, fon Alteffe Royale la Princeffe des Afturies, fon Excellence le Duc
d'Hixar, fon Excellence M. Manuel Azlor, fieur Pierre Pradez, unique auteur de
ladite entreprife ; fieur Jofeph de Roxas, fieurs Adolfo Jean Heshuyfen, fieur Vincent-
Fernando de Gorriti, fieur Alphonfe de Velafco, fieur Jofeph Martinez de Viergol,
Sr Jean Soret, Sr François Boizot, & fieur Jean-Nicolas de la Corbiere, conformément à fon contrat inféré aux préfentes ; lequel, dès à préfent, nous approuvons en
tout & pour tout ; fuivant & comme il eft ftipulé par ledit fieur Pradez ; & en cas
néceffaire, nous l'octroyons [& confentons] de nouveau : outre les Affociés ci-deffus mentionnés, la Compagnie pourra joindre & admettre en elle, & en Société, lorfqu'elle le
jugera à propos, quelque perfonne qu'elle confidere lui être utile ; de même feront
affociés ceux à qui le fieur Pierre Pradez & le fieur Jean-Nicolas de la Corbiere, ou
leurs héritiers & fucceffeurs, céderont une portion de l'intérêt qu'ils ont, bien entendu qu'ils devront être propriétaires de cinq fols, ou partie dudit intérêt. Ceux
qui auront dorénavant un intérêt dans ladite Compagnie, moindre que celui dont il
eft parlé, de cinq fols, feront feulement intéreffés pour recevoir la rétribution ou
rente qui les compétera & leur fera due ; mais ils n'auront point de voix ni d'autre
action dans l'entreprife.

II. Le fieur Pierre Pradez, comme principal propriétaire de l'entreprife, demeure
obligé à la direction & foin du Contrat, afin qu'il ait fon entier & ponctuel effet,
fuivant qu'il eft convenu & traité avec S. M. & fon Royal Confeil, le fieur François Boizot refte obligé & refponfable de la conftruction matérielle des ouvrages:
le fieur Vincent Fernando de Gorriti, eft chargé de la direction & adminiftration
générale des affaires de la Compagnie à Madrid: le fieur Jean Soret occupera l'emploi de Tréforier de la Compagnie ; fous les claufes & conditions contenues dans
les reglemens de l'adminiftration de la Compagnie, qui feront préfentées fous la
même date de ce Contrat : le fieur Jean-Nicolas de la Corbiere aura la direction
générale de toutes les Commiffions que la Compagnie donnera hors du Royaume,
foit pour les chofes néceffaires à la conftruction du Canal, ou pour les autres opérations qui pourront fe préfenter.

III. Chacun des fufdits Intéreffés fera obligé de remplir exactement l'emploi
refpectif qui lui eft deftiné, & de donner compte de fa bonne adminiftration à la
Compagnie, toutes les fois qu'elle le demandera, & dans le cas de quelque dété-
rioration ou diffipation, de répondre avec fa perfonne, & bien, du préjudice qui
pourroit réfulter à la Compagnie & fes Individus, par fon fait ; (nous) tous les Affociés, nous obligeons de la même maniere au bon maniment des fonds & qu'ils
s'invertiront précifément à la conftruction des ouvrages & frais néceffaires pour leur
perfection, fans que pour aucuns motifs ni prétextes, puiffent aucuns des Affociés
en commun ni en particulier, fe fervir d'aucun fonds de la Compagnie, pour autre
deftination que celle de l'entreprife.

F.

IV. Ladite Compagnie prendra le titre dans ſes Actes de *COMPAGNIE ROYALE DU CANAL ROYAL DU ROYAUME DE MURCIE* : Les trois Aſſociés Pradez, Gorriti & Soret, dans leurs emplois particuliers de la Compagnie , & pour toutes les affaires d'icelle, ſigneront, *PRADEZ ET COMPAGNIE.*

V. Aucun des Aſſociés, autres que les trois ci-deſſus expliqués, ne pourront point uſer du nom & ſignature de la Compagnie, & ceux-ci non plus pour autres fins , obligations, ni contrats, que ceux qui ſeront propres & appartenant à la Compagnie, & en être convenu auparavant avec elle & le Juge Conſervateur : devant être nul & d'aucun effet ce qu'ils feroient à ce contraire.

VI. En conſidération de l'induſtrie & travail qu'auront leſdits Aſſociés, & ce qu'ils ont aidé audit ſieur Pierre Pradez, pour ladite entrepriſe du Canal, ayant préſent que par le Contrat paſſé avec le ſieur Jean-Nicolas de la Corbiere, le 31 Août 1773, il appartient deux tiers de tous les émolumens & utilités qu'en quelque maniere produiſe ou puiſſe produire l'entrepriſe; comme auſſi les graces, récompenſes ou bénéfices qui, au commun de ladite entrepriſe, pourront être accordées ; demeurant, l'autre troiſieme partie, pour le ſieur Jean-Nicolas de la Corbiere, ayant conſidéré la totalité de l'entrepriſe en cent ſols ou parties égales, & que pour cette raiſon le ſieur Pierre Pradez eſt intéreſſé pour ſoixante-ſix ſols & deux tiers; & le ſieur Jean-Nicolas de la Corbiere pour trente-trois ſols & un tiers ; dès-à-préſent le ſieur Pierre Pradez uſant de ſes droits, aſſigne & accorde de ce qui lui appartient à tous & à chacun deſdits Aſſociés les parts ſuivantes.

A Son Alteſſe Royale le Prince des Aſturies, deux ſols.
A Son Alteſſe Royale la Princeſſe des Aſturies, deux ſols.
A Son Excellence le Duc d'Hixar, un ſol.
A Son Excellence M. Manuel Azlor, un ſol.
A M. Joſeph de Roxas, deux ſols.
Aux ſieurs Adolfo Jean Heshuyſen (& Compagnie), trois ſols.
Au ſieur Vincent Fernando de Gorriti, cinq ſols.
Au ſieur Alphonſe de Velaſco, un ſol.
Au ſieur Joſeph Martinez de Viergol, un ſol.
Au ſieur Jean Soret, deux ſols.
Au ſieur François Boizot, deux ſols.

VII. Ayant préſent que le ſieur Pierre Pradez, pour ſuivre ce projet a été obligé de fournir & faire les avances de pluſieurs ſommes , tant pour les reconnoiſſances qu'ont pratiquées les Ingénieurs qu'il a fait venir d'Hollande & de France, ainſi que les appointemens d'iceux, & dans les divers voyages qu'il a fait dans l'étranger & autres, pour ſavoir à quoi ſe portent ces ſommes, il fournira un compte à la Compagnie & au Juge Conſervateur, de tout ce qu'il a dépenſé, & étant approuvé par ceux-ci, il ſera rembourſé des fonds de la Compagnie.

VIII. Tous les Aſſociés auront la faculté de vendre, donner ou céder pendant leur vie, ou à leur mort, le tout ou partie de l'intérêt qui leur appartiendra dans l'entrepriſe de la Compagnie ; mais bien entendu que celui qui aliéneroit la totalité de ſon intérêt, reſteroit exclu de la Compagnie, ſans qu'il puiſſe occuper aucun emploi en icelle; cependant s'il ſe réſervoit une partie de ſondit intérêt, quoiqu'il aliénât le ſurplus, il reſtera pour véritable Aſſocié comme auparavant ; & avec les perſonnes à qui il aura vendu, cédé ou donné quelque partie, on obſervera ce qui eſt dit au chapitre ſuivant ; & les héritiers des actuels Aſſociés auront la même action & repréſentation que leurs Auteurs qui le ſont de l'entrepriſe.

IX. Aucune des perſonnes qui achetera , ou héritera , ou lui ſera donné par donation volontaire entre-vifs, une partie d'intérêt de quelqu'un des Aſſociés ne ſera point admis pour Aſſocié de la Compagnie, à moins que ladite partie d'intérêt ne fût de cinq ſols ; car ceux qui auront ſeulement un intérêt moindre de cinq ſols, n'auront point d'autre action que celle de recevoir ce qui leur appartiendra de leur intérêt, dans le tems des répartitions des bénéfices ; & si quelqu'un des Associés mouroit *ab intestat* ou sans enfans & descendans légitimes, ou ascendans, instituant pour héritiers des parens, autres que ceux de cette classe, tels héritiers ne pourront avoir action ni être Associés de la Compagnie, si leur intérêt se divisoit, car uniquement les héritiers descendans ou ascendans, ayant intérêt de cinq sols, pourront jouir de la qualité d'Associé : cependant s'ils étoient plusieurs, ils devront convenir entr'eux de celui qui doit avoir l'investiture d'Associé ; mais ne s'accordant point & leur action se divisant, ils n'auront (comme il est dit ci-dessus) d'autre droit que celui de prétendre à la répartition des bénéfices sur les comptes qui seront réglés par l'Assemblée de la Compagnie.

X. Quoique l'héritier de l'Associé, de la maniere expliquée, puisse succéder ou s'investir de la qualité d'Associé, il ne succédera point à l'emploi qu'avoit celui duquel il aura hérité, à moins que la Compagnie, à la pluralité des voix, ne le nomme, laquelle méthode & forme se devra observer inviolablement par la suite, pour conférer les Emplois de la Compagnie.

XI. Il ne sera point procédé à aucune répartition des bénéfices de la Compagnie entre les Associés, jusqu'à ce que les ouvrages soient finis, & pour lors, avant toutes choses, il faut que les intérêts ou rentes viageres des Prêteurs restent assurées à la satisfaction du Juge Conservateur, la répartition se fera toujours au sol la livre entre les Intéressés.

XII. Attendu que les Associés employés pour les affaires de la Compagnie seront obligés d'abandonner d'autres occupations qui leur rendent beaucoup, dont ils resteront privés, pour les indemniser en quelque façon du préjudice, & qu'on ne leze en rien la Compagnie ; mais au contraire son avantage s'y trouve, parce que si les Associés ne servoient point les emplois, il faudroit nécessairement les donner à des étrangers, en leur payant des appointemens, & ils n'auroient pas tant à cœur les intérêts de la Compagnie que les associés ; le sieur Pierre Pradez abandonne absolument toutes ses affaires, pour se livrer à cette entreprise, & aller rester aux ouvrages ; ayant tout en considération, & à ce que, pour attirer en Espagne l'Ingénieur François Boizot, pour continuer à reconnoître le projet & autres opérations pratiquées, attendu sa capacité reconnue, il lui promit & lui a donné ledit sieur Pradez jusqu'à présent l'appointement de vingt-quatre mille réaux annuels, en outre de lui avoir tenu compte des frais de son voyage & fait une gratification, avec promesse de lui augmenter ses émolumens quand il commenceroit l'exécution des ouvrages du Canal, sous sa direction & le suivre, & que par le contrat ci-joint, passé avec Noble Jean-Nicolas de la Corbiere, il est convenu, qu'au chargé de procuration ou Réprésentant qu'il doit envoyer, on doit lui donner vingt-quatre mille réaux annuels, quoique son travail sera beaucoup moins considérable ; désirant de procéder d'une façon irrépréhensible, nous laissons la fixation des émolumens de ceux précisément employés, à la volonté du Conseil, afin qu'à proportion des emplois il daigne fixer à chacun ce qu'il trouvera à propos.

XIII. Quelqu'affaire que ce soit concernant la Compagnie, doit être précisément traitée par tous les Associés, & déférer ou déterminer à la pluralité des voix, & en cas de discorde entr'eux, le Juge Conservateur, qui nécessairement devra assister aux Assemblées, aura voix décisive, au moyen de quoi on évitera les discussions entre les Associés.

XIV. Pour la plus grande clarté des obligations de la Compagnie, & de chacun de ses Associés, on devra observer & garder, comme parties essentielles de cette Stipulation & Contrat de Société, les Reglemens formés, séparés, des présentes & qui sous la date de ce jour, seront présentés au Conseil pour son approbation, & avec une attestation de tout, nous passerons à les réduire en écriture publique, avec toutes les obligations , fûretés & hypothéques de perfonne & bien pour l'accom-plifferent de ce qui fera à la charge d'un chacun , fous lefquels pa&es , obligations & conditions nous demeurerons conformes , convenus & accordés ; & nous obli-geons à fon très - exa& accompliffement , & approuvé que foit par le Confeil, paffer & figner le Contrat public , & pour qu'il confte & nous puiffions nous con-traindre les uns aux autres, nous le fignons: à Madrid le 19 Fevrier 1775 : —— comme Procureur fondé de Leurs Alteffes Royales: Alphonfede Velafco. —— R. Le Duc & Seigneur d'Hixar, Marquis de Orani. —— Jofeph de Roxas. —— Comme Procureur fondé de Jean - Nicolas de la Corbiere, Manuel Polin. —— Pierre Pradez. —— Floris Vifcher. —— Heshuyfen. —— Jean Soret. —— Alphonfe de Velafco. —— Vincent Fernando de Gorriti. —— Jofeph Martinez de Viergol. —— François Boizot.

REGLEMENS

DE LA COMPAGNIE.

LA Compagnie Royale du Canal Royal d'Arrofage & Navigation du Royaume de Murcie, approuvée par SA MAJESTÉ, & reçue fous fa protection & appui (par Contrat paffé de fon royal ordre, avec le royal & fuprême Confeil de Caftille) paffe à former les RÈGLEMENS fuivans pour fa Régie, qu'il préfente au Confeil pour fon approbation.

DIRECTION DE MADRID.

I. LA Direction de Madrid, fes Bureaux & Tréforeries, feront dans une maifon de cette Ville, qu'arrentera la Compagnie en payant le loyer au propriétaire.

Dans ladite maifon, il fera mis une caiffe, dans laquelle feront gardés tous les fonds appartenans à la Compagnie; cette caiffe aura trois clefs, defquelles le Juge Confervateur aura une; le Procureur fondé du fieur Jean-Nicolas de la Corbiere une autre, & la troifieme fera au pouvoir du Tréforier.

Outre ladite caiffe, pour éviter la peine qu'il y auroit de l'ouvrir tous les jours pour en fortir de l'argent, il en fera fait une autre qui reftera dans la maifon du Tréforier, dans laquelle il fera mis pour les frais journaliers, jufqu'à un ou deux millions de réaux de veillon, de laquelle feulement le Tréforier de la Compagnie aura la clef.

Il ne fortira point d'argent de l'une & l'autre caiffe que ce ne foit avec toute la forma-lité requife, dont il fera fait écriture fur le livre de la Direction en expliquant les parties, leurs fins & date.

Pour la fûreté de ladite maifon & fonds, la Compagnie aura en icelle, continuel-lement de jour & de nuit, deux foldats ou perfonnes qui la garderont avec les armes néceffaires à leur défenfe, auxquels la Compagnie payera leur jufte falaire.

II. LA Direction fera compofée du Juge Confervateur, & des autres Affociés dénommés dans le Contrat de Société, & également de ceux qui auront un intérêt de cinq fols, comme il eft expliqué dans ledit Contrat.

III. LE fieur Vincent Fernando de Gorriti fera Directeur & Adminiftrateur général de toutes les affaires appartenantes à la Direction qui fera toujours en continuel exercice afin que rien ne puiffe être retardé.

IV. TOUS les Employés aux Bureaux de la Direction de cette Ville feront fujets

& fubordonnés aux ordres du Directeur, fans qu'ils puiffent reclamer ni s'oppofer à ce qu'il leur ordonnera relativement à l'entreprife du Canal, directement ou indirectement.

V. Pour éviter toute confufion (ou défordres) il y aura dans le Bureau les livres néceffaires, fur lefquels il fera écrit toutes les parties de recette & dépenfe avec la plus grande explication & clarté, exprimant en réaux de veillon ce qui entrera à la tréforerie, de même que ce qui fe dépenfera, lefquelles parties feront paffées en parties doubles; & les livres feront tenus par les Commis qui feront prépofés à cet effet; pour que lefdits livres faffent plus de foi, & plus grande légalité d'iceux, toutes leurs feuilles feront paraphées par le Juge Confervateur, & au commencement de chacune il fera écrit par le notaire de la Compagnie, & donné témoignage du nombre des pages dont chaque livre fera compofé.

VI. Comme il n'eft point facile de fixer dans le jour le nombre pofitif des individus ou Commis dont les Bureaux devront être compofés, la Direction aura la faculté de nommer ceux qu'elle jugera néceffaires, en fixant par graduation les appointemens dont ils devront jouir, qui leur feront payés tous les mois. La Compagnie & la Direction auront la faculté d'augmenter ou diminuer le nombre des Commis, fuivant qu'elle le trouvera à propos.

VII. Lesdits Commis & employés defdits Bureaux feront obligés d'y affifter pour remplir leurs emplois aux heures que le pratiquent ceux des rentes générales & provinciales du Royaume, à moins que ladite Compagnie & Direction trouvaffent à propos de leur marquer d'autres heures; car dans ce cas, ils feront obligés de fuivre leurs ordres, & celui qui ne s'y conformeroit point pourra être renvoyé & remplacé, ou fon Emploi fupprimé, felon que la Direction le juge à propos.

VIII. Ladite Direction pourra nommer les autres Employés qu'elle jugera à propos pour remplir fes Commiffions en cette Ville, en leur donnant la deftination qu'elle trouvera bon, ainfi que les appointemens, expédiant à chacun fa nomination particuliere pour exercer fon Emploi, qui fera autorifé par le Juge Confervateur, & avec ce feul document l'employé jouira des exemptions & privileges accordés par S. M. en vertu de la Stipulation faite avec Pradez.

IX. Ladite Direction tiendra fes Affemblées particulieres les Jeudis de chaque femaine, & tout au moins de quinze en quinze jours, pour traiter, conférer & délibérer fur tout ce qui le requerrera; s'il furvenoit quelque objet urgent à décider, on conviendra du jour le plus prochain pour s'affembler, afin d'éviter le moindre préjudice & retard.

X. Pour les mêmes fins il y aura tous les trois mois une Affemblée générale dans laquelle il fera examiné l'état des ouvrages, fes dépenfes & utilités, de façon qu'on fache pofitivement la fituation dans laquelle fe trouve l'entreprife.

XI. Pour lefdites Affemblées tous les Affociés feront convoqués la veille & par écrit que le Directeur leur fera paffer, comme auffi les participans qui auront cinq fols d'intérêts, il ne pourra point s'exécuter aucune Affemblée à laquelle il n'affifte les deux tiers des Intéreffés.

XII. Toutes lefdites Affemblées feront préfidées par le Juge Confervateur, lequel étant empêché d'y affifter, il nommera un Affocié qui préfidera en fon nom.

XIII. Toutes les décifions defdites Affemblées feront faites à la pluralité des voix, & au cas de difcorde avec égalité de voix, le Juge Confervateur qui préfidera décidera la matiere; fi le cas arrivoit qu'il ne pût point affifter en perfonne à l'Affemblée, fa détermination ne pourra avoir fon effet fans l'approbation du Juge par écrit.

XIV. Afin qu'il foit connu quels font les Affociés, ou ayant voix, qui doivent affifter aux affemblées, il fera donné à chacun d'eux un certificat figné du Directeur, qu'ils feront obligés de préfenter au Juge Confervateur pour qu'il l'autorife, dont il fera fait note dans un livre du Bureau de la Direction, aux foins d'un Commis que nommera la Direction ; dans ce livre il sera couché tous les accords ; délibérations & déterminations des Assemblées, formées par les ayant voix, comme il est dit ; lequel livre aura la formalité & solemnité d'avoir ses feuilles numérotées, paraphées & avec témoignage comme il a été dit.

XV. LADITE Direction aura l'inspection & maniment de toutes les affaires sans exception, devant toutes aller à elle, pour tenir ses livres en ordre & passer écriture de tout ; pour rendre compte toutes les fois que le Juge Conservateur le requerrera, & ne puisse point user du prétexte que la Direction des ouvrages n'a pas remis les siens : en conséquence l'Ingénieur en chef donnera de tems en tems, & par anticipation de trois mois , connoissance à la Direction générale de Madrid des dispositions qu'il prendra pour les ouvrages, afin qu'elle détermine & fasse passer les fonds pour leur payement, & que par leur faute rien ne périclite , moyennant qu'il appartient privativement à cette Direction de remettre tous les fonds, tant en lettres comme en especes, à celle des ouvrages du Canal.

XVI. LA Direction disposera, & fera tout ce qui sera le plus convenable pour le plus grand bénéfice de la Compagnie, & à mesure que les remises arriveront, il en sera rendu compte clair & exact au Conseil, par le moyen du Juge Conservateur, passant tous Contrats & autres documens qui seront nécessaires.

XVII. LE Directeur & Administrateur général pourra proposer à l'Assemblée le premier Jeudi de chaque mois les divers hypotheques qui se seront présentées pour prêter de l'argent , & après avoir délibéré sur leur admission, on prêtera sur icelles les sommes convenues, lesquels payemens seront sûrs & fixés, afin de ne point laisser oisif l'argent qui ne sera point utile aux ouvrages, & que lesdits payemens convenus ne manquent point aux tems stipulés ; car les fonds de la Compagnie doivent être regardés comme appartenant aux Royales Finances, destinés à la construction d'un Canal au bénéfice de l'Etat, qui doit appartenir à S. M. Le Directeur pourra avec l'approbation de l'Assemblée , prendre en lettres de change à escompte sur la place pour les sommes & temps que la Compagnie aura déterminés , & des personnes dont il sera convenu, pour la plus grande sûreté des fonds ; ne pouvant, la Compagnie, faire aucun commerce direct ni indirect, mais seulement acheter les comestibles pour la consommation des Ouvriers employés au Canal, qui sera assez considérable ; car les ouvrages commençant en même tems dans plusieurs endroits, il faudra employer beaucoup de monde , & il sera très-utile d'avoir lesdites provisions pour l'avantage des travailleurs ; & pour éviter ce profit à des étrangers.

BUREAU DE MADRID.

XVIII. LES Lettres de la Compagnie seront signées d'un des Associés de cette maniere : *PRADEZ ET COMPAGNIE* : & le Directeur joindra ces mots : *DÉLIBÉRÉ PAR LA COMPAGNIE* : le Directeur, quoique Associé, ne pourra point les signer seul.

XIX. LE Directeur vérifiera tous les comptes qui seront remis par la Direction des ouvrages du Canal à celle de Madrid, & il en rendra raison & de ses observations à l'Assemblée, afin qu'elle en soit instruite, & communique lesdites observations à la Direction du Canal ; les différends seront terminés par les Associés des deux Directions, & du Juge Conservateur, à la pluralité des voix, & le Juge Conservateur décidera en cas de discorde.

XX. EN cas d'absence ou maladie du Directeur, la Compagnie nommera provisionnellement à son Emploi, & en cas de mort elle procédera à une autre élection à la pluralité des voix, donnant la préférence à un individu de la Compagnie qu'elle juge capable de remplir les fonctions dudit Emploi.

XXI. IL sera donné la même foi & crédit à tous les Documens & Certificats que donnera le Directeur, tant en Jugement que dehors , qu'à ceux des Contrôleurs des Royales Finances.

TRESORERIE DE MADRID.

XXII. Tous les fonds provenant de l'Emprunt des quinze millions de livres tournois feront remis au fieur Jean Soret, Tréforier de la Compagnie, à mefure qu'ils feront reçus à Madrid, après qu'il en aura été fait écriture fur les livres de la Compagnie ; ledit Tréforier fera obligé de donner reçu des effets qui lui feront remis, dans un livre qui reftera toujours au Bureau de la Compagnie, & il fera à la charge du Tréforier de recevoir toutes les lettres de change & billets qui lui feront remis & faire entrer leur produit dans la Caiffe principale.

XXIII. Le Tréforier tiendra un livre de Caiffe dans lequel il paffera toutes les parties qu'il recevra de la Compagnie, & payera de fon ordre pour fon compte ; ce livre devra être conforme avec le compte qui lui fera ouvert dans le livre de la Compagnie en qualité de Tréforier, il ne pourra payer aucune partie fans mandat du Directeur & reçu de l'Intéreffé : ces titres ferviront de décharge au Tréforier : tous les mois les comptes dudit Tréforier feront foldés, & le folde porté à compte nouveau du mois fuivant.

XXIV. Afin que les Prépofés à l'intervention de la caiffe de la Tréforerie ne foient point obligés d'affifter tous les jours à l'ouverture de ladite caiffe, à moins qu'il n'y eût des cas extraordinaires, il fuffira qu'ils y affiftent le Mercredi de toutes les femaines à quatre heures du foir pour lefdites opérations, par conféquent on fortira de la caiffe de la Compagnie, par anticipation, les fonds qu'on confidérera fuffifans d'une femaine à l'autre, dont on chargera le Tréforier, qui donnera fon reçu à la Compagnie, qui fera gardé par le Commis principal.

XXV. En cas de maladie ou abfence des chargés de l'intervention de la caiffe, ils nommeront une perfonne de confiance à leur place, en lui remettant la clef refpective ; mais jamais les trois clefs ne pourront être confiées à une même perfonne, de maniere que lefdites trois clefs devront toujours être entre les mains de trois perfonnes.

XXVI. Le Juge Confervateur fera le maître, toutes les fois qu'il le jugera à propos, de convoquer les chargés des clefs de la caiffe & faire la vérification en leur préfence, des fonds qu'il y aura en icelle, pour voir s'ils font conformes aux livres de la Compagnie & du Tréforier.

XXVII. Le Juge Confervateur pourra auffi convoquer dans la maifon de la Direction de la Compagnie, à des Affemblées extraordinaires les Intéreffés à Madrid, pour ce qu'il jugera convenable, & il lui fera rendu raifon de tout ce qu'il voudra favoir, car devant rendre compte au Confeil & à S. M. de tout ce qui concernera la Compagnie, il doit en être inftruit à fa fatisfaction.

DIRECTION DES OUVRAGES.

XXVIII. Il fera loué par le fieur Pierre Pradez, Directeur des ouvrages, Affocié de cette Compagnie Royale & Auteur du projet, une maifon là où il paroîtra le plus convenable, dans laquelle il fera fa réfidence avec fa famille, & où les Bureaux de régie feront établis ; les Affemblées s'y tiendront comme il eft dit pour la Direction de Madrid ; & dans le cas qu'il ne fe trouvât point de maifon affez commode, il en fera loué deux, une pour le Directeur, & l'autre pour le Contrôleur, & les Affemblées feront toujours tenues dans celle du Directeur auxquelles affiftera le Juge Subdélégué qui les préfidera, & aura voix décifive en cas de difcorde ; il fera rendu compte de tout par cette Direction à celle de Madrid.

XXIX. Les Employés aux Bureaux feront nommés à la propofition du fieur Pierre Pradez, & à la pluralité des voix des Affociés, & du Chargé de procuration du fieur de la Corbiere, le Juge du Canal leur fournira le titre dans lequel il fera fait mention en quoi confifte ledit emploi; fi les Employés ne rempliffoient point leur devoir, le fieur Pierre Pradez pourra les dépofer de leurs Emplois, & le Juge du Canal retirera leurs titres, fur les motifs que Pradez lui donnera par écrit.

XXX. Le fieur Pierre Pradez connoîtra de tout ce qui aura rapport à la direction des ouvrages, ainfi que des arrofemens & navigation, & de tout ce qui aura relation au Canal, pouvant tout de fuite, & au cas qu'il le juge néceffaire, prendre des difpofitions, & donnant enfuite compte à la Direction du Canal, & celle-ci à celle de Madrid.

XXXI. La Direction des ouvrages communiquera toutes fes opérations à celle de Madrid, & celle-ci le fera à celle des ouvrages, de tout ce qui lui paroîtra convenable.

XXXII. Ladite Direction inftruira toutes les femaines celle de Madrid de toutes fes opérations, & tous les fix mois au moins lui donnera un état des ouvrages, que cette derniere communiquera à l'Affemblée, ou féparément au Juge Confervateur.

XXXIII. Le chargé de procuration & repréfentant du fieur de la Corbiere, aura le titre de fecond Directeur, & exercera l'emploi du fieur Pierre Pradez, en cas d'abfence ou de maladie; un des deux devra toujours être aux ouvrages quand il fera néceffaire que l'autre foit au Bureau; de maniere que rien ne périclite; & que par faute d'affiftance ou de préfence des Directeurs, rien ne foit omis ni retardé, & les ouvrages ne fouffrent aucun préjudice, en obfervant ce qui eft traité avec S. M. & accordé par la Compagnie; car deux Directeurs ne feront pas de trop, à caufe de l'étendue confidérable des ouvrages, & de la quantité d'occupations qu'ils donneront.

XXXIV. Il fera tenu à la Direction, par un de fes Commis, un compte des frais de Bureaux, qu'il paffera tous les mois au Contrôleur pour le vérifier, & mis le vu bon par le Contrôleur; le Caiffier principal le payera.

XXXV. Les lettres dirigées à la Compagnie aux ouvrages, feront portées à la Direction, & les Directeurs communiqueront au Contrôleur tout ce qui concernera fon emploi.

XXXVI. Si le cas arrive que par l'expérience & la pratique on connoiffe & voie qu'il convient de faire quelques changemens au plan des ouvrages, pour leur plus grande fûreté & utilité, ils feront propofés par l'Ingénieur ou Ingénieurs en chef, à la Direction du Canal, & celle-ci à celle de Madrid, qui communiquera le tout au Juge Confervateur, afin qu'il le repréfente au Confeil, & celui-ci détermine ce qui devra s'exécuter.

XXXVII. La même chofe s'obfervera quand l'expérience enfeignera qu'il conviendra d'augmenter ou diminuer quelque chofe aux préfents Réglemens & Ordonnances, ainfi qu'aux délibérations de la Compagnie, pour le plus grand fuccès & bonne régie de l'entreprife.

XXXVIII. Il fera pris par la Compagnie & à fes frais, quand il en fera temps, un Arpenteur (ou Commiffaire à terrier) des plus capables de Madrid, pour (arpenter &) mefurer toutes les terres arrofables par le Canal de la Compagnie, en lever un plan exact, détaillé, & bien expliqué, réduifant les mefures à *eftalades* de Caftille, & *fanegades* qui font en ufage dans le Royaume de Murcie, dans les endroits qui recevront les arrofages dudit Canal, pour la plus grande intelligence & clarté; il fera donné à cet Arpenteur les Commis, Aides & Ouvriers dont il aura befoin pour fes opérations.

XXXIX. Dès que le Canal, avec fes eaux, arrivera à un endroit où il y aura des terres à arrofer, il fe fera, de la part de la Compagnie, & par anticipation s'il fe peut, un enregiftrement & cadaftre defdites terres arrofables, avec une carte qui expliquera à qui elles appartiennent, la quantité du terrein de chaque propriétaire; fi ce font des terres blanches ou plantées, & de quoi; les confrontations, bornes & limites;

chaque

chaque morceau de terrein conftera par les cartes particulieres de chaque territoire ou Communauté, & s'inferira en détail fur un Regiftre ou Livre de cadaftre de la Compagnie, qui fera approuvé & figné par chaque propriétaire poffeffeur defdites terres, & par le Juge du Canal, avec toutes les formalités requifes en femblable cas, lefdits Livres devant faire foi pour toujours. Ces Livres feront écrits à mi-marge, pour pouvoir noter fur le blanc qui reftera les mutations des propriétés defdites terres, foit par quel motif que ce puiffe être.

XL. Tous les ouvrages dudit Canal feront donnés à forfait ou à l'entreprife, autant qu'il fera poffible, à l'exception des prifes d'eau, maçonnerie, éclufes, &c. qui, devant être permanents, doivent être faits avec toute la fûreté requife & fans épargne. L'on obligera les Entrepreneurs à donner caution autant qu'on pourra l'obtenir; & à défaut, la Compagnie leur payera les ouvrages à mefure qu'ils feront faits, toifés (& calculés) par un Commis à ce prépofé de la part de la Compagnie, afin qu'elle ne s'expofe point à perdre fes fonds avec les Entrepreneurs, en les facilitant à travailler, & de gagner leur vie.

XLI. Quand il fera donné quelques ouvrages à forfait, la chofe fe pratiquera publiquement, au moins offrant & dernier enchériffeur; pour cet effet, il fera mis des affiches aux ouvrages, & dans les endroits & lieux immédiats, afin que tout foit fait avec la plus grande folemnité, tant en ceci comme pour tous les contrats qui fe payeront entre la Compagnie & les particuliers qui traiteront avec elle; ce fera avec connoiffance & affiftance du Juge du Canal.

BUREAU DU CONTROLEUR AUX OUVRAGES.

XLII. Il fera nommé à Madrid, par tous les Affociés, un Contrôleur qui réfidera aux ouvrages, comme il a été dit au chapitre 28, avec toutes les facultés concernant fon emploi, & fujet à la direction des ouvrages, comme à celle de Madrid.

XLIII. Ledit Contrôleur interviendra à tous les payemens que fera le Caiffier principal des ouvrages; mais il ne pourra intervenir aucune partie qu'il ne foit dû par contrat paffé par la Compagnie, ou délibéré par elle; en cas de doute il recourra à la Direction pour prendre l'ordre de ce qu'il devra faire, fous peine de répondre à la Compagnie des payemens mal faits.

XLIV. Ledit Contrôleur donnera à la Direction des ouvrages tous les comptes qu'il aura reçus des Caiffiers & autres, s'il y en avoit, fans plus de retard que celui d'un mois, de maniere qu'à la fin du mois de Février, il doit préfenter les comptes du mois de Janvier, & il en ufera de même les mois fuivans, afin qu'il ait le temps de vérifier & régler les comptes que lui donneront les Caiffiers.

XLV. Le Contrôleur tiendra les Livres dans la meilleure forme poffible & à jour, il fera auffi un inventaire de tous les papiers du Bureau à fa charge, & journellement de tous ceux qui lui feront remis par les Caiffiers & autres.

XLVI. En cas de maladie de la part du Contrôleur, le premier Commis exercera fon emploi, en attendant que la Direction de Madrid difpofe ce qui lui paroîtra convenable.

CAISSIER PRINCIPAL DES OUVRAGES.

XLVII. Il y aura un Caiffier principal aux ouvrages, & l'on établira les Caiffiers fubalternes néceffaires, avec les cautions fuffifantes. Tous ces Caiffiers feront nommés d'accord entre le fieur Pierre Pradez, le fieur François Boizot, & le Procureur fondé du fieur Jean-Nicolas de la Corbiere.

XLVIII. Le Caiffier principal ne pourra rien recevoir ni payer qui ne foit intervenu & mis le *vu bon* par le Contrôleur, & les parties qui n'auront point cette intervention, ne lui feront point admifes.

XLIX. Ce Caiffier fera paffer les fonds que déterminera la Direction du Canal, aux Caiffiers fubalternes des ouvrages; ces déterminations lui feront communiquées par le Contrôleur.

L. Il aura une caiffe où il gardera tous les fonds de la Compagnie pour les ouvrages, avec trois clefs, defquelles le Subdelegué en aura une, le Caiffier une autre, & le fondé de la procuration de fieur de la Corbiere l'autre, fans l'affiftance defquels la caiffe ne pourra point s'ouvrir.

LI. Le Caiffier principal donnera fes comptes tous les mois au Contrôleur, qui les vérifiera & y joindra fes obfervations, ou la note de les avoir trouvés juftes; cela fait, il les remettra à la Direction, afin qu'elle les faffe paffer à celle de Madrid.

CAISSIERS SUBALTERNES DES OUVRAGES.

LII. Les Caiffiers fubalternes donneront reçu de tout l'argent qu'ils recevront du Caiffier principal, & ils ne pourront rien payer fans l'ordre ou vu bon des Ingenieurs en chef ou fubalternes, que nommera à ce effet la Direction des ouvrages, ce que n'obfervant point, les payemens qu'ils auront faits ne leur feront point bonifiés, & ils en demeureront refponfables.

LIII. A la fin de chaque mois, les Caiffiers fubalternes des ouvrages folderont leurs comptes de caiffe, & pafferont pour premiere partie au débit du mois fuivant, l'argent qui devra exifter en icelles; par tout le mois fuivant ils enverront les comptes du mois antérieur, avec les pieces juftificatives à la Direction du Canal, qui leur en accufera le réception, & les fera paffer au Contrôleur pour les vérifier, & y faire fes obfervations; fe trouvant d'accord & conforme fur lefdits comptes avec le Caiffier, il lui fournira fon reçu & certificat, ainfi que des pieces juftificatives qui accompagneront lefdits comptes, & l'on continuera de même d'un mois à l'autre.

INGÉNIEURS EN CHEF.

LIV. L'Ingénieur ou Ingénieurs en chef expliqueront, avec tout le détail & clarté (poffibles), les points particuliers du nivellement, les fignaux des ouvrages de maçonnerie, mines, ponts, excavations & autres parties de la conftruction du Canal, & ils remettront les mefures & plan defdits ouvrages, par eux paraphés, aux Ingénieurs en fecond, auxquels ils recommanderont le plus grand foin dans l'exécution.

LV. Ils feront obligés de veiller continuellement aux points du nivelement & fignaux, & que les plans s'exécutent avec la plus grande exactitude, fuivant les dimenfions qu'ils auront données; tous les fix mois ils préfenteront un état des ouvrages à la Direction d'iceux, toutes les fois que la Compagnie ou Direction le requerra, les Ingénieurs rendront raifon de tout ce qui leur fera demandé.

LVI. Afin que la Direction des ouvrages puiffe remettre à celle de Madrid, tous les fix mois, l'état dont il eft parlé, les Ingénieurs en chef feront obligés de le lui donner figné par eux, & de quelques Ingénieurs en fecond; la Direction de Madrid fera chargée de faire paffer cet état au Confeil, par le moyen du Juge Confervateur.

LVII. Ils fixeront les jours & heures pour recevoir les détails des Employés, & ils diftribueront leurs Plans de ce qui devra s'exécuter, avec des ordres très-clairs; ils détermineront, de concert avec les Directeurs, les heures & temps de travail, felon les différentes faifons de l'année, & genre des ouvrages; ils conviendront auffi avec le Directeur de ce qu'il faudra payer pour les journées des Ouvriers.

LVIII. Ils interviendront les accords & prix des matériaux de toutes efpeces que feront les Directeurs, foit à économie ou à forfait, & tous autres ; ils veilleront inceffamment fur les ouvrages, ayant infpection fur tous les employés en iceux.

LIX. Ils interviendront également à tout ce que feront les Ingénieurs en fecond, ou autres Employés, de même qu'aux liftes & comptes, mettant le vu bon avec leur fignature, fans laquelle les Caiffiers fubalternes ne pourront rien payer.

LX. Les Ingénieurs en chef & ceux en fecond, pourront de même que les Directeurs ordonner la revue des Travailleurs, demandant la lifte aux furveillans majeurs ou fubalternes, & en leur préfence ou abfence, aux heures du jour qui leur paroîtront convenables, afin de vérifier fi tous ceux qui font contenus dans les liftes font occupés, & travaillent aux ouvrages.

. LXI. Les Surveillans varieront fouvent les heures des revues, mais point celle du matin qui doit être journaliere, & toujours un peu avant l'heure qu'on doit commencer à travailler.

LXII. Aucun Surveillant fubalterne, étant chargé d'une lifte, ne pourra point l'être par aucun motif, de payer les Ouvriers, afin d'éviter les fraudes qui fe commettroient fans cela ; l'on pourra feulement charger les Surveillans majeurs du payement des Journaliers, qu'il conviendra renvoyer fur le champ.

LXIII. Pour tous les autres Employés, il fera établi des regles convenables fuivant le genre des ouvrages & opérations, pour la meilleure régie & économie, lefquelles regles la Direction du Canal remettra à celle de Madrid pour fon intelligence & approbation, les trouvant convenables & à fa fatisfaction.

LXIV. La Direction des ouvrages formera un journal exact de toutes les opérations, dans les endroits & branches qu'elles fe pratiqueront, avec tous les détails & circonftances requifes pour être entendu, outre l'état des ouvrages & fes progrès ; lequel journal elle remettra tous les fix mois à la Direction de Madrid, accompagné dudit état.

LXV. Comme le payement des rentes annuelles des quinze millions de livres Tournois, que la Compagnie emprunte pour fes ouvrages, eft un des objets de la plus grande confidération, fur quoi il fe doit garder la foi la plus pure & conftante, pour être fait fans aucun retard, la Compagnie fera obligée de faire confter au Confeil, par le moyen du Juge Confervateur, avoir fatisfait & payé toutes les rentes dûes & échues pour raifon dudit emprunt, fuivant qu'il eft ftipulé ; par ce moyen le Juge Confervateur fera pleinement inftruit de ce qui refte en caiffe appartenant à la Compagnie.

LXVI. N'étant point poffible de connoître & prévoir tout ce qui fera convenable & utile, ce que la pratique peut feulement enfeigner, tout ce qui fera reconnu tel, de même que s'il y a dans ces réglemens quelque chofe de fuperflu, en quel temps que ce foit obfervé, la correction en fera faite par tous les Affociés de concert avec le Juge Confervateur, il la préfentera au Confeil pour fon approbation ; & obtenue, elle fera jointe comme regle explicative ou dérogatoire, & s'obfervera inviolablement.

LXVII. Pour la plus grande facilité & intelligence de ces Réglemens & Ordonnances, ils feront imprimés, de même que les additions qui pourront être faites ; chaque intéreffé devra en avoir deux, ainfi que le Juge Confervateur & le Subdélégué, pour les obferver & les faire obferver.

LXVIII. Quand les arrofages, navigations & produits auront lieu au profit de la Compagnie, il fera formé par la Direction du Canal d'autres Réglemens particuliers à cet effet, avec l'explication des différentes branches, qui feront remis à la Direction de Madrid, & les deux Directions s'étant mifes d'accord, on recourra, pour leur approbation, au Confeil par le moyen du Juge Confervateur ; étant approuvés de la maniere qu'il eft dit au Mémoire de Pradez à l'article 7 du paragraphe 3, qui eft accordé, ils s'obferveront & garderont irrévocablement. Nous avons formé ces articles & les fignons, nous obligeant de les obferver quand ils feront approuvés par le Confeil. Madrid 19

Février 1775. Comme Procureur fondé de leurs Alteſſes Royales, Joſeph-Martinez de Viergol. Comme Procureur fondé de leurs Alteſſes Royales, Alphonſe de Velaſco. R. le Duc & Seigneur d'Hixar, Marquis Dorani. Joſeph de Roxas. Comme Procureur fondé du ſieur Jean-Nicolas de la Corbiere, Manuel Polin. Alphonſe de Velaſco. Pierre Pradez. Vincent-Fernando de Gorriti. Jean Soret, Floris. Viſcher. Heshuyſen. Joſeph-Martinez de Viergol. François Boizot.

Le tout examiné par ceux de notre Conſeil, avec l'expoſé de nos Fiſcaux, par décret, pourvu le 28 Avril dernier, il fut accordé d'expédier cette notre Lettre [Patente], par laquelle nous approuvons, ſans préjudice de notre Royal Patrimoine, ni d'aucun tiers Intéreſſé, la Compagnie d'Entrepreneurs & Actionnaires formée par Contrat du 19 Février de cette année, pour la conſtruction & direction du Royal Canal de Murcie, & les Réglemens & Ordonnances qui, ſous la même date, ont été formés par les Intéreſſés, & préſentés à notre Conſeil, l'un & l'autre étant ici inſérés, avec les réſerves & précautions que contiennent les reſpectifs articles, de pouvoir varier, altérer ou changer en tout ou en partie ceux qu'il conviendra, pour la meilleure régie, ſûreté des fonds, directions des ouvrages & autres; convenables au plus ſolide établiſſement de ladite Compagnie & direction de ces ouvrages, tant pour celle qui doit réſider en cette Cour, comme à la Ville de Lorca, ſous l'approbation de notre Conſeil, & que celui-ci d'office, ou à la dénonciation des Parties, puiſſe prendre toutes les précautions convenables pour le plus grand bénéfice de l'entrepriſe, qui eſt confiée au zele & aux ſoins de M. Jean de Accedo Rico de notre Conſeil, Miniſtre à ce commis, qui doit préſider les aſſemblées de la Compagnie & autres, qui le conpete. Nous déclarons que la caiſſe dans laquelle on doit garder, pour les frais ordinaires & paiemens des lettres, un ou deux millions de réaux, ne doit point être dans la maiſon du Tréſorier, mais bien dans celle où ſeront établis les Bureaux de Direction & Tréſorerie, avec la garde & ſûreté convenues. Par ce moyen les paiemens ſeront plus aiſés à faire; pratiquant les formalités requiſes, & paſſant les écritures qui doivent précéder les paiemens, pour la meilleure regle & clarté des comptes & diſtribution des fonds; le tout ſous l'immédiate direction du Miniſtre-Commiſſaire. Nous nous réſervons de fixer les appointemens compétens aux Employés de cette Compagnie & leur direction, dont parle l'article XII dudit Contrat de Compagnie, du 19 Février, juſqu'à l'époque que les fonds ſuffiſans pour commencer les ouvrages ſoient entrés dans la caiſſe de la Tréſorerie, & qu'ils puiſſent exercer leurs reſpectifs emplois; & dans la forme qu'il eſt expliqué, Nous ordonnons que s'obſervent, gardent & s'accompliſſent ledit Contrat & Réglement ſans aucune contradiction, les regardant comme Ordonnance formelle de ladite Compagnie, qui pourra prendre le titre de *COMPAGNIE ROYALE DU CANAL ROYAL DU ROYAUME DE MURCIE*; & Nous chargeons & mandons à nos Préſidens des Aſſemblés, Juge-Commiſſaire de cette entrepriſe à Madrid, au Juge particulier qui doit réſider à Lorca, qui ſera nommé par Notre Royale Perſonne, & aux autres Juſtices de ces nos Royaumes, à qui il appartiendra de donner les ordres & diſpoſitions convenables, pour le ponctuel accompliſſement de ce qui eſt ici arrêté. CAR TEL EST NOTRE VOLONTÉ; & Nous ordonnons qu'à la copie imprimée de cette notre Lettre [Patente], ſignée du ſieur Antoine-Martinez Salazard, notre Secrétaire, Contrôleur-Major des comptes des Royales Finances, Notaire de la Chambre le plus ancien, & du Gouvernement de notre Conſeil, on lui donne la même foi & crédit qu'à l'original. DONNÉ à Madrid le vingt Mai mil ſept cent ſoixante-quinze — Manuel-Venture Figueroa. — Manuel de Villafane. — Joſeph de Victoria. — le Marquis de Contreros. — Ignace de Sante-Clara.

Moi, ſieur Antoine-Martinez Salazar, Notaire du Roi notre Seigneur, ſon Contrôleur-Major des comptes de ſes Royales Finances, Secrétaire de la Chambre, je l'ai fait écrire de ſon ordre, avec l'accord de ſon Conſeil, par lui paraphé.

Enregiftré, Nicolas Berdugo.▬▬Droits 32 réaux veillon.▬▬ Lieu du Sceau.▬▬
Lieutenant du Chancelier Major.▬▬Nicolas Berdugo.▬▬Secrétaire Salazar.

VOTRE MAJESTÉ approuve, fans préjudice de fon Royal Patrimoine, & fans celui de tiers Intéreffé, la Compagnie d'Entrepreneurs & Actionnaires formée pour la conftruction & direction du Canal Royal de Murcie, & les Réglemens & Ordonnances qui ont été réglés ou formés par les Intéreffés ; le tout ainfi qu'il eft ici inféré. Collationné.

ACTE DE RATIFICATION

DES SIEUR PRADEZ ET COMPAGNIE.

SIEUR ANTOINE-MARTINEZ SALAZAR, du Confeil de SA MAJESTÉ, fon Secrétaire ; Contrôleur-Major des comptes des Royales Finances, Notaire de la Chambre le plus ancien, & du Gouvernement du Confeil.

JE CERTIFIE que par les fieurs Pierre Pradez & Compagnie, Entrepreneurs du Canal Royal du Royaume de Murcie, il fut recouru au Confeil le feize de ce mois, expofant que par le Contrat de Société & Réglemens de ladite Compagnie, approuvé par ce Suprême Tribunal, dont il fut expédié la compétente Patente Royale le vingt Mai dernier, il eft prévenu à l'article XIV, que d'abord que l'approbation en fera obtenue, il doit être confenti acte par les Affociés d'obferver & accomplir ponctuelle- ment le contenu dudit Contrat de Société & Réglemens ; en conféquence de quoi ils avoient fait & confenti l'acte qu'ils préfentent ; & afin qu'il confte s'être exécuté & s'imprime à la fuite des Royales Patentes, & qu'à la fin de tout il foit certifié par moi être copie des originaux, la teneur dudit acte eft comme fuit en la Ville de Madrid le quinze du mois de Juin mil fept cent foixante-quinze, pardevant moi, Notaire de SA MAJESTÉ, & Principal de Guerre de cette Place, & témoins, compa- rurent fieur Pierre Pradez, fieur Alphonfe de Vélafco, Procureur fpécial de leurs Alteffes Royales le Prince & la Princeffe des Afturies, & auffi de fon Excellence le Duc d'Hixar, ayant fait confter la premiere procuration dans les actes dont il fera fait mention, & la feconde eft accréditée par le pouvoir général qu'il exhiba & reprit, que moi Notaire certifie être fuffifant, & en fon propre nom ; fieur Vincent-Fernando de Gorriti, fieur Manuel Polin, auffi Procureur fondé du fieur Jean-Nicolas de la Cor- biere, fuivant qu'il l'a juftifié dans lefdits actes ; fieur Jean Soret & fieur François Boizot, tous habitans & réfidens en cette Cour, & affociés de la Compagnie dénom- mée Pradez & Compagnie, pour eux, & au nom des autres Intéreffés en icelle, qui actuellement fe trouvent abfens, lefquels feront obligés de paffer par ce qui fera ici contenu, & dire qu'ayant établi ladite Compagnie pour l'entreprife du Canal Royal d'arrofement & navigation des campagnes de Lorca, Murcie, Totana, Carthagene & autres, propofée à SA MAJESTÉ par ledit fieur Pierre Pradez, fon unique auteur, fous les pactes & ftipulations qui furent approuvés par le Royal & Suprême Confeil de Caftille, dont il fut expédié Cédule Royale, s'étant formé par lefdits Affociés les Ordonnances & Réglemens qui doivent s'obferver par ladite Compagnie, il fut accordé pour l'un & pour l'autre ; & qu'auffi-tôt qu'ils feroient approuvés par ledit Tribunal, il feroit confenti l'acte convenable de les obferver, garder & accomplir par tous & chacun des Affociés. Pour cet effet, ils les préfenterent au Confeil, qui, en conféquence, expédia les Patentes Royales fuffifantes, fous la date du vingt Mai de cette année, auxquelles ils fe rapportent. Et en accompliffement de ce qui eft convenu & prévenu par lefdites Ordonnances & Réglemens, ils confentent pour eux & au nom des autres Affociés abfens de ladite Compagnie, que dès-à-préfent ils ratifient tout ce

qui eſt diſpoſé & ordonné dans leſdites Royales Patentes ; & ils s'obligent & obligent
les autres à ce que chacun en particulier, & tous joints en commun, obſervent,
gardent & accompliſſent tous les articles contenus dans leſdites Ordonnances & Réglemens de la Compagnie, de la maniere & forme qu'ils ſont approuvés par le Conſeil,
ſans y contrevenir en aucune maniere; à cet effet chacuns reſpectivement aſſujettiſſent
& obligent tous leurs biens & revenus, meubles & immeubles, droits & actions,
préſens & avenir, ils donnent leur pouvoir complet au Conſeil & Magiſtrat d'icelui,
ſieur Jean Accedo-Rico, comme Juge-Conſervateur de ladite entrepriſe, & ceux qui
lui ſuccéderont, afin qu'il puiſſe les obliger à l'accompliſſement de ce qui eſt dit, & les
contraindre par la voie & moyens les plus courts & ſommaires, qu'ils reçoivent
comme Sentence paſſée en autorité de cauſe jugée, ils renoncent à leurs propres
privilege, juriſdiction, domiciles & habitations, & la Loi *ſi convenerit de juriſdictione
omnium judicum*, à celles de la minorité & bénéfice de reſtitution, *in integrum*, &
toutes les autres qui puiſſent les compéter, & à la générale en forme; en témoignage
de quoi, ainſi ils le dirent & conſentirent & ſignerent, leſquels moi, Notaire, certifie
connoître; étant témoins ſieur Simon de Echenique, ſieur Cyprien Luit & ſieur
Joſeph Carrion, réſident en cette Cour; Alphonſe de Velaſco, Pierre Pradez,
Vincent-Fernando de Gorriti, Manuel Polin, Jean Soret, François Boizot; pardevant
moi Jean-François Gonzalez, moi, ledit Jean-François Gonzalez, Notaire du Roi,
notre Seigneur, & Principal de Guerre de cette Place, & commandement général &
ſon diſtrict, je fus préſent & le ſignai. En témoignage de vérité, Jean-François Gonzalez, & vu par les MM. du Conſeil ladite Requête & Acte, joints avec les antécé-
dens de l'affaire, & ce qu'ont expoſé MM. les Fiſcaux par décret, qu'ils pourvurent
le vingt-trois de ce mois, ils déférerent à l'impreſſion que ſollicite la Compagnie, à
cauſe que ce ſont des objets qui concernent les Intéreſſés, & que ladite Compagnie eſt
ſous la Préſidence & Direction du ſieur Jean d'Accedo-Rico, Magiſtrat du Conſeil,
avec connoiſſance duquel tout s'eſt réglé, étant autoriſé de toutes les facultés opportunes & néceſſaires pour l'économie, ſûreté, garde, recette & légitime emploi des
fonds, procédant à ſon exécution, & veillant à prévenir tous déſordres, & de rendre
compte au Conſeil, attendu que ce ſont des matieres à traiter ſucceſſivement, ſuſcep-
tibles de beaucoup de variations qu'on ne ſauroit prévoir; & afin qu'il conſte, je donne
la Préſente, que je ſigne à Madrid le vingt-cinq de Juin mil ſept ſoixante-quinze.
ANTOINE-MARTINEZ SALAZAR.

Je ſouſſigné Penſionnaire du Roi, Secrétaire Interprête de SA MAJESTÉ pour les
Langues Eſpagnoles & Portugaiſes, certifie que la traduction ci-deſſus & des autres
parts, eſt conforme à deux pieces originales écrites en Eſpagnol, & par moi paraphées
& ſcellées de mon cachet d'Interprête, comme l'eſt la préſente traduction; l'une
deſquelles pieces s'étend depuis le commencement de la préſente traduction juſqu'à la
page 26 ci-deſſus, & finit par le mot *collationné*; & la ſeconde, qui commence à ladite
page 26 par les mots *ſieur Antoine-Martinez Salazar*, s'étend juſqu'à la fin; les deuxdits
ſont originaux légaliſés par M. le Marquis d'Oſſun, Ambaſſadeur de France à Madrid,
& ſcellé du cachet de ſes armes. Je déclare au reſte que tous les mots enfermés dans
cette traduction par des crochets, ont été ajoutés au texte pour plus de clarté; en foi
de quoi, & pour que cela conſte où il appartiendra, j'ai ſigné à Paris le ſept d'Août
mil ſept cent ſoixante-quinze,

PEREIRE.

ACTE D'HYPOTHEQUE

DE LA COMPAGNIE ROYALE

DU CANAL DE MURCIE,

SOUS LA DÉNOMINATION

DE PRADEZ ET COMPAGNIE,

EN FAVEUR DES PRÉTEURS

DES QUINZE MILLIONS DE LIVRES TOURNOIS.

EN LA VILLE DE MADRID, le quinze Juin mil fept cent foixante-quinze, pardevant moi Notaire de Sa Majefté, & principal de Guerre de cette place, & témoins, comparurent fieur Pierre Pradez, fieur Alphonfe de Velafco, Procureur fpécial fondé de leurs Alteffes Royales le Prince & la Princeffe des Afturies; comme auffi de fon Excellence le Duc d'Hixar, ayant fait confter la premiere procuration dans les actes dont il fera fait mention, & la feconde m'a été exhibée & retirée par lui, que moi, Notaire, témoigne être fuffifante, & auffi en fon propre nom, fieur Vincent-Fernando de Gorriti, fieur Manuel Pollin, Procureur fondé du fieur Jean-Nicolas de la Corbiere, comme il l'a juftifié dans lefdits actes; fieur Jean Soret & fieur François Boizot, tous actuellement habitans & réfidens en cette Cour, Affociés de la Compagnie dénommée Pradez & Compagnie, pour eux & au nom des autres Affociés en icelle, qui fe trouvent abfens, lefquels font obligés & pafferont par ce qui fera ici contenu; & dirent que ledit fieur Pierre Pradez ayant été informé que fous les regnes des Seigneurs Rois Philippe II, III, IV, & Don Philippe V, l'on avoit intenté plufieurs fois de conftruire un Canal avec les eaux des rivieres Caftril, Guardal & autres, pour pouvoir arrofer & rendre fécondes les campagnes de Lorca, Totana, & autres du Royaume de Murcie, à caufe de l'utilité, importance & avantages qui réfulteroient de cette entreprife audit Royaume & à toute la Monarchie, ce qui ne put point avoir fon effet, à caufe des continuelles guerres & autres circonftances auxquelles il fallut pourvoir, l'on put feulement obtenir de pratiquer quelques examens & reconnoiffances, defquels ledit Pradez ayant pris les inftructions qu'il jugea convenables au Projet, il recourut à Sa Majefté Catholique le trente Septembre mil fept cent foixante-dix, lui expofa le defir qu'il avoit que cette entreprife s'effectuât, & demanda qu'il lui fût accordé la permiffion de paffer, avec des Experts Hydrauliques, reconnoitre le terrein & former les plans; fon inftance fut remife au Confeil; mais le fieur Pradez, qui, par la continuation de fes louables defirs, n'avoit épargné ni peines ni foins, non plus que fa bourfe, ayant payé tout ce qui avoit été néceffaire en frais & appointemens des Ingénieurs qu'il fit venir [de l'étranger] pour reconnoitre, mefurer & niveler le terrein, & s'affurer de l'exécution du Projet; comme auffi de paffer en dernier lieu dans l'étranger, pour achever de s'affurer des fonds fuffifans pour une fi grande entreprife, dont il étoit moralement sûr avant d'y entrer ; en effet, il convint & traita avec noble fieur Jean-Nicolas de la Corbiere, citoyen honorable de Geneve, qu'il lui fourniroit la fomme de QUINZE MILLIONS de livres tournois, pour l'exécution des ouvrages, qui fut la quantité qu'accepta ledit Pradez, par le canal dudit fieur de la Corbiere, lequel emprunt devoit s'exécuter en rentes viageres & à fonds perdu, dans l'étranger, felon le plan que lui remit ledit fieur de la Corbiere, ce qui fut affuré par contrat ; le fieur Pradez fit part de tout ce qui eft dit à Sa Majefté, & à fon Royal & Suprême Confeil de Caftille, aux foins duquel Sa Majefté daigna commettre cette affaire, & auquel Pradez préfenta fon mémoire, avec le détail des ouvrages qui doivent être faits dans cette entreprife, qui n'eft plus uniquement réduite à l'arrofage des campagnes de Lorca, & autres du Royaume de Murcie, mais qui doit auffi fournir la navigation, pour en tirer tout le parti poffible, la rendre parfaite, & procurer le bien général du Public & de l'Etat ; ledit Pradez demanda les utilités, graces, bénéfices, privileges & prérogatives qui devoient lui être accordés par Sa Majefté, & à la Compagnie qu'il devoit former pour cette entreprife, & que tout ce qui eft dit, & le Canal devoit être hypothéqué pour la fûreté du prêt, dont les rentes doivent être payées, fans aucun retard, aux prêteurs, auxquels, pour aucun cas qu'il puiffe furvenir, foit en paix, foit en guerre avec les Souverains & Républiques defquels Domaines pourront être les prêteurs étrangers, il ne pourra point être empêché que ceux-ci & la Compagnie fe faffent réciproquement leurs remifes & paiement de fonds, felon qu'ils feront convenus, & auront contracté enfemble, & cela par aucuns motifs, ni fous prétexte qu'ils ne profeffent point la Religion Catholique, fans pouvoir détenir lefdits paiemens, les confifquer ni ufer du droit de repréfailles, à moins que ce ne fût par délit, procédant feulement contre la perfonne & bien de celui qui l'auroit commis, au temps de la liquidation des comptes faits par la Compagnie ; & pour la plus grande fûreté des prêteurs, le tirage des rentes de cet emprunt, s'exécutera à Madrid, avec les formalités & autorité requifes, pour obferver en tout la bonne foi. Ce mémoire, examiné au Confeil, & ce qu'en raifon d'icelui expoferent MM. les Fifcaux, & en vertu de ce que Pradez comparut formellement, en préfence dudit Tribunal Suprême, il fut applani certaines difficultés qui s'étoient offertes, & tout demeura finalement réfolu, pour informer Sa Majefté de ce qu'en raifon de ce, il avoit été traité & convenu, ce qui fut ainfi exécuté, & Sa Majefté daigna approuver le projet & propofitions dudit fieur Pradez, comme fon unique auteur, avec les additions & limitations, ou explications qu'Elle fit à quelques articles, & les autres difpofitions qu'Elle ordonna à fon Excellence le Marquis de Grimaldi, premier Secrétaire d'Etat, afin qu'il les communiquât diftinctement au Confeil, comme il l'exécuta. Cette Royale réfolution fut publiée au Confeil, qui ordonna de dépêcher, & dépêcha en faveur de Pradez & Compagnie, la Royale Cédule compétente, datée d'Aranjuez, le quatre de ce préfent mois & an, par laquelle il eft accordé à Pradez & Compagnie, l'ufage & profit dudit Canal, fes fruits, produits & rentes, pour l'efpace & temps de cent dix ans, lui accordant [en même temps] la faculté de pouvoir hypothéquer & obliger tout ce qui eft dit, & les graces accordées, ou que nouvellement Sa Majefté lui accorda, en faveur des prêteurs des fonds pour cette entreprife, tant de ces Royaumes comme de l'étranger, & pour la fûreté des rentes viageres, lefquels paiemens devront fe faire ponctuellement, fans retard ni détention aucune, de la maniere qu'il eft dit, & qui plus en détail eft expliqué dans les articles & plans remis par le fieur de la Corbiere, inférés dans ladite Royale Cédule, dépêchée en faveur defdits Pradez & Compagnie, à laquelle l'on renvoie, & comme notoire on la donne ici pour inférée, & furabondamment elle fe manifeftera ; & fera remis une copie autorifée par la Compagnie, en lui délivrant une copie de ce contrat d'obligation, & ufant, ladite Compagnie, des facultés & permiffion qui lui font accordées par l'art. 86 de lad. Royale Cédule, & mettant en exécution fon contenu par la teneur de cet inftrument, lefd. Pradez & Compagnie promettent,

s'obligent

gent & hypothéquent, fpécialement & expreffément pour sûreté defdits quinze millions de livres tournois dudit emprunt, & paiement des intérêts en rentes viageres pour chaque année, les ouvrages & conftructions qu'ils feront, avec les revenus, produits & utilités que puiffe rendre & rendra ledit Canal Royal de Murcie annuellement, & tout ce qui fe gagnera & acquérra dans le commerce qu'il eft permis à ladite Compagnie de faire & pourra faire, comme auffi les graces, privileges & prérogatives qui lui font accordés par la Royale Cédule, pour le temps defdites cent dix années, & les autres qui lui feront accordés de nouveau à l'avenir, jufqu'à ce qu'entierement les rentes foient éteintes & payées : en cette conformité lefdits Pradez & Compagnie, comme tels Affociés d'icelle, s'obligent, fous ladite hypothéque, d'affurer & rendre effective la remife, paiement & fatisfaction refpective de la quantité defdits intérêts, aux prêteurs defdits quinze millions de livres tournois, & porteurs de deux cens cinquante mille billets de foixante livres [tournois] chacun, qui compofent ladite fomme, qui doivent être remis pour la sûreté de chaque Intéreffé, fuivant & dans la forme qu'il eft expliqué en détail dans le plan & fept pieces inférés dans ladite Royale Cédule, fans qu'on puiffe mettre aucun empêchement, détention ni embarras, au paiement annuel defdites rentes viageres, aux prêteurs & porteurs des billets, par aucun cas qui puiffe furvenir, en paix on en guerre avec les Souverains ou Républiques defquels Domaines foient lefdits prêteurs étrangers, ni parce qu'ils ne profeffent point la Religion Catholique, comme il eft prévenu & ordonné dans ladite Royale Cédule, de maniere que, pour accréditer la plus fincére bonne foi pour la sûreté defdits paiemens aux prêteurs, la Compagnie ne pourra, dans aucun temps, faire aucune répartition d'utilités ou bénéfices entre fes individus, jufqu'à ce que les rentes viageres des prêteurs, foient entiérement fatisfaites, ou au moins affurées ; & dans le cas que quelqu'un ne comparût pas au recouvrement defdites rentes, le montant doit être dépofé en leur faveur, par le Juge Confervateur de cette entreprife, fans qu'il foit permis, en aucune maniere, d'en faire autre ufage pour être, comme il eft, expreffément prohibé, jufqu'à ce que cette obligation foient entiérement remplie & accomplie dans toutes fes parties, par lefdits Pradez & Compagnie, qui feront, à leurs frais, toutes les diligences & agis judiciaires & extrajudiciaires qui feront néceffaires, en tels Tribunaux que ce foit, Supérieurs Royaux & Eccléfiaftiques : & pour l'accompliffement, garde & obfervance de tout ce qui eft mentionné, & en cet inftrument eft contenu, lefdits fieurs Pradez & Compagnie, conftituans, comme tels Affociés, s'obligent, & obligent les autres Intéreffés abfens, leurs fucceffeurs dans ledit établiffement [ou entreprife], avec leurs effets, biens & fonds qu'ils auront employés ou employeront à la conftruction dudit Canal Royal d'arrofage & de navigation du Royaume de Murcie, fes conftructions, établiffemens & ouvrages, & autres qu'en raifon de ce leur appartiennent ; & afin qu'à cet effet on puiffe les contraindre & obliger, ils donnent leur pouvoir accompli au Juge fieur Jean Acedo - Rico, Chevalier de l'Ordre Royal & diftingué de Charles I I I, Confeiller de Sa Majefté au Suprême & Royal Confeil de Caftille, Juge Confervateur de ladite entreprife, & aux autres Miniftres qui pourront lui fuccéder dans cette commiffion, ainfi qu'audit Royal & Suprême Confeil, Protecteur de cette affaire, fes incidences & dépendances, à laquelle autorité ils fe foumettent, & foumettent leurdite Compagnie, renonçant à leur privilege, domiciles, habitans, & la loi *fit convenerit, de jurifdictione omnium judicum*, & à celle de minorité & bénéfice de reftitution *in integrum*, & à toutes les autres en leur faveur, & à la générale en forme. Ainfi ils l'ont témoigné, dit, accordé & figné ; lefquels moi Notaire, je donne foi connoitre ; étant préfens, MM. Simon de Échenique, Cyprien Luit & Jofeph Carrion, Réfidens en cette Cour ; Alphonfe de Velafco. — Pierre Pradez. - - Manuel Paulin. - Vincent-Fernando de Gorriti. - Jean Soret, François Boizot ; pardevant moi Jean François Gonzalez ; moi ledit Jean-François Gonzalez, Notaire du Roi notre Seigneur, & prin-

H

cipal de Guerre de cette place, & Commandement général d'icelle & fon diftriƈt, je fus préfent, & le fignai. ▬ En témoignage de vérité. ▬ Jean-François Gonzalez.

LÉGALISATION. LES Notaires du Roi notre Seigneur, fouffignés, réfidens en fa Cour & Province; certifions & donnons foi que le fieur Jean-François Gonzalez, par qui eft autorifé & figné le document qui précéde, eft également Notaire de Sa Majefté, & principal de Guerre de cette place & Commandement général, comme il en prend le titre, qu'il eft de la plus grande fidélité, légalité & fatisfaƈtion, & comme tels, à tous les inftrumens [& papiers] qui l'autorife, on leur a toujours donné & donne entiere foi & crédit judiciaire & extrajudiciaire, en témoignage de quoi nous donnons le préfent. A Madrid, le vingt Juin mil fept cent feptante-cinq. ▬ En témoignage de vérité. ▬ Nicolas Prietto de la Fuente. ▬ En témoignage de vérité. ▬ Alphonfe Carralou ▬ En témoignage de vérité. ▬ Antoine-Benoît Gonzalez de Duenas.

JE fouffigné, Penfionnaire du Roi, Secrétaire-Interprête de Sa Majefté, pour les langues Efpagnole & Portugaife, Membre de la Société Royale de Londres, &c. certifie à tous qu'il appartiendra, que la traduƈtion ci-deffus & des autres parts, dans laquelle il fe trouve deux mots rayés comme nuls, eft conforme à fon original Efpagnol, ici attaché, fous mon cachet d'Interprête, portant les armes du Roi, avec mon nom autour; ledit original porte encore la légalifation de M. le Marquis d'Offun, Ambaffadeur de la Cour de France en celle de Madrid, avec le fceau de fes armes & le contre-feing du fieur d'Olhaberriague, fon Secrétaire. Je déclare au furplus que les mots ici enfermés entre deux crochets, ont été ajoutés au texte pour plus de clarté: en foi de quoi j'ai figné, A Paris, le fept Août mil fept foixante-quinze.

Signé, PEREIRE.

PROCURATION
DE LA COMPAGNIE
DU CANAL ROYAL DE MURCIE,
SOUS LA DÉNOMINATION
DE PRADEZ ET COMPAGNIE,

QUI autorise Sieur JEAN-NICOLAS DE LA CORBIERE, ou ceux qu'il en chargera, de lever l'Emprunt de QUINZE MILLIONS DE LIVRES TOURNOIS.

EN LA VILLE DE MADRID, le quinze du mois de Juin mil sept cent septante-cinq ; pardevant moi Notaire de S. M. Principal de Guerre de cette Place (& son district), & témoins : Comparurent sieur Pierre Pradez, sieur Alphonse de Velasco, Procureur spécial fondé de leurs Altesses Royales le Prince & la Princesse des Asturies, & aussi de son Excellence le Duc d'Hixar, ayant fait conster la premiere Procuration par les actes dont il sera fait mention, & la seconde est accréditée par celle qu'il m'a exhibée & a repris, que je certifie être suffisantes, & pour lui en son propre nom ; sieur Vincent-Fernando de Gorriti ; sieur Manuel Paulin, aussi Procureur fondé du sieur Jean-Nicolas de la Corbiere, ainsi qu'il l'a fait conster dans lesdits actes ; sieur Jean Soret, & sieur François Boizot, tous habitans & résidens en cette Cour, associés de la Compagnie dénommée Pradez & Compagnie, pour eux & au nom des autres Associés, qui se trouvent actuellement absens, lesquels seront obligés & passeront par tout ce qui sera ici contenu. Et dirent qu'en vertu du Contrat passé avec S. M. Catholique, pour l'entreprise & construction du Canal Royal d'arrose-ment & navigation du Royaume de Murcie, il leur fut dépêché une Royale Cé-dule datée au Royal Palais d'Aranjuez le quatre de ce mois & an, au moyen de la-quelle, & particuliérement de l'art. quatre-vingt-six, il est permis ladite Compagnie d'emprunter la somme de quinze millions de livres tournois, en rentes viageres & à fonds perdu, tant dans ces Royaumes comme dans ceux de l'étranger, & Ré-publiques, afin que ledit Royal Canal puisse avoir son effet ; en conséquence de quoi elle accorde, donne, & octroie tout son pouvoir entier, ample, général & suffisant, & celui qui de droit se requiert, & est nécessaire & doive valoir en fa-veur de M. Jean-Nicolas de la Corbiere, citoyen de Geneve, un des Associés de ladite Royale Compagnie, pour la négociation desdits quinze millions de livres tour-nois, que par ledit article il lui est permis d'emprunter, de la maniere qu'il est dit, selon le plan qui est inféré dans ladite Royale Cédule, ce que pourra exécuter ledit sieur Jean-Nicolas de la Corbiere, aux prix & conditions qu'il ajustera & conviendra avec les Personnes, Maisons & Compagnies avec lesquelles il aura traité ou traitera à ce sujet ; obligeant la Compagnie à son ponctuel accomplissement, avec toute la

H 2

ſtabilité & ſûreté convenables ; car tout ce qu'en raiſon de ce fera, traitera, ajuſtera
& conviendra ledit ſieur de la Corbiere, dès-à-préſent, pour alors l'approuvent,
louent & ratifient les Contractans, pour eux & au nom des autres Aſſociés de ladite
Compagnie, de la même maniere que ſi la choſe avoit été faite & pratiquée par tous
eux, s'obligeant d'approuver & paſſer par tout ce qui ſera fait, contre quoi ils ne
s'oppoſeront point, ni ne réclameront dans aucuns tems mais au contrarie, avec
la bonne foi qui eſt dûe, accompliront litéralement la négociation (& payement)
des intérêts que conviendra & ajuſtera M. Jean-Nicolas de la Corbiere pour cette
entrepriſe, à la charge & pour compte de ladite Compagnie : ils lui donnent auſſi
cette Procuration, afin qu'il puiſſe autoriſer les diſtributeurs deſdits billets dudit emprunt, à ce qu'ils les puiſſent ſigner ou parapher pour plus grande ſûreté; & à l'ob-
ſervation & accompliſſement de ce qui eſt dit, les contractans s'obligent avec tous
leurs biens & revenus, & ceux des autres Aſſociés de ladite Compagnie, & ſpéciale-
ment aſſujettiſſent & hypothéquent ledit Royal Canal, qui doit ſe conſtruire avec
leſdits fonds, les graces, conceſſions & prérogatives accordées à ladite (Royale)
Compagnie, avec ſes produits, fruits, rentes & émolumens qu'elle jouira & poſſé-
dera pendant le tems de la conceſſion; car pour tout ce qui eſt dit, les conſtituans donnent audit ſieur Jean-Nicolas de la Corbiere, leur pouvoir le plus ample & ſpécial
qu'il ſoit néceſſaire, avec la clauſe qu'il le puiſſe ſubſtituer en tout ou en partie, à une
ou pluſieurs perſonnes, en quelques pays, provinces & villes qu'il conviendra, re-
voquant les uns, & en nommant d'autres de nouveau, avec cauſe ou ſans elle; ce
qu'étant fait & pratiqué par lui, ils le ratifient nouvellement, & afin qu'on puiſſe
ainſi les obliger d'obſerver & accomplir, ils donnent leur ample pouvoir à M. Jean
Acedo-Rico (Chevalier du Royal & diſtingué Ordre de Charles III) Conſeiller de
S. M. au Royal & Suprême Conſeil de Caſtille, Juge Conſervateur de ladite entrepriſe, & aux autres qui pourront lui ſuccéder à cet emploi, à laquelle autorité &
juriſdiction ils ſe ſoumettent, renoncant à toutes les loix, autorités & droits en leur
faveur, & celles de la minorité, afin qu'aucune d'icelles puiſſe leur ſervir ni profiter, en conſéquence de quoi ils l'ont ainſi dit, accordé & ſigné, & moi Notaire je
témoigne les connoître, étant témoins ſieurs Simon de Echenique, Cyprien Luit &
Joſeph Carrion réſidens en cette Cour.—Alphonſe de Velaſco.— Pierre Pradez.—Manuel Paulin.— Vincent-Fernando de Gorriti.—Jean Soret.—François Boizot.—Pardevant moi—Jean-François Gonzalez.— Moi ledit Jean-François Gonzalez, Notaire du
Roi notre Seigneur, & Principal de l'Aſſeſſeur de Guerre de cette Place, & commandement général & de ſon diſtrict, je fus préſent, & le ſignai.—En temoignage de
vérité—JEAN-FRANÇOIS GONZALEZ.

LÉGALISATION. LES Notaires du Roi notre Seigneur qui réſidons en ſa Cour & province, qui
ſignons ici, certifions & donnons foi que le ſieur Jean-François Gonzalez, qui a ſigné
l'inſtrument antécédent, eſt auſſi Notaire de S. M. & Principal (de l'Aſſeſſeur) de
Guerre de cette Place, & commandement général & militaire d'icelle, (& de ſon
diſtrict) qu'il eſt fidele, légal & de toute confiance, aux inſtrumens & autres actes
que pardevant lui (& par ſon office) ſe ſont paſſés & paſſent, on lui a toujours
donné & donne entiere foi & crédit, tant en jugement que dehors, & afin qu'il
conſte (partout où il conviendra) nous donnons le préſent, à Madrid le vingt Juin
mil ſept cent ſeptante-cinq.—En témoignage de vérité.— Nicolas-Prietto de la Fuente.
—en témoignage de vérité.— Alphonſe de Carralon.—en témoignage de vérité.—
Antoine-Benoit de Duenas.

Je ſouſſigné Penſionnaire du Roi, Interprete de S. M. pour les Langues Eſpagnole
& Portugaiſe, certifie à tous qu'il appartiendra, que la traduction ci-deſſus & des
autres parts, dans laquelle il ſe trouve dix mots rayés comme nuls, eſt conforme à

fon original Efpagnol, ici attaché fous mon cachet d'Interpreté; portant les armes du Roi avec mon nom autour; ledit original porte encore la légalifation de M. le Marquis d'Offun, Ambaffadeur de la Cour de France en celle de Madrid, avec le fceau de fes armes, & le contre-feing du fieur d'Olhaberriague fon Secrétaire. Je déclare, au furplus, que les mots qui fe trouvent dans cette traduction entre deux crochets, font ajoutés au texte pour plus de clarté, en foi de quoi j'ai figné. A Paris le fept Août mil fept cent foixante-quinze.

Signé, PEREIRE.

ÉTAT

DES dépenses des Ouvrages & Excavations du CANAL ROYAL DE NAVIGATION ET ARROSAGE DU ROYAUME DE MURCIE, divisé par parties, conformément aux Chapitres de la Description du cours dudit Canal.

SAVOIR,

CHAPITRES.		Réaux.	Marav.
CHAPITRE I.	LA prise de la fontaine haute de la riviere Guardal de six toises de long, quatre pieds de haut, & quatre pieds & demi d'épais réduits, construite en maçonnerie & pierre de taille, avec ses fondations, éperons & contrefors sur les côtés, pour sa plus grande solidité.	5215	2
	La partie du Canal depuis la premiere prise jusqu'à la seconde, de deux cents soixante huit toises de long, dans un bon terrein.	2690	
SOMME. Réaux. Mar. 28566 19	La prise de la fontaine basse de la riviere Guadal avec ses bajoyers, portes d'entrée pour la réunion des eaux de la fontaine haute, porte de sortie pour l'introduction des eaux dans le Canal, les reversoirs pour les trop pleins, le tout de maçonnerie & pierre de taille avec ses fondations, éperons, contreforts, pilots, palplanches, radiers & grillages garnis de ses fretes & clavaisons correspondantes pour résister à la force du courant, aura de long huit toises trois pieds, quatre pieds & demi d'épais, & quatre pieds de haut réduit.	20661	17
CHAPITRE II.	LA partie du bassin de construction des barques & entrée du Canal, excavation dudit bassin dont la muraille de maçonnerie aura soixante-dix-neuf toises de long, dix pieds de haut compris fondation, & deux pieds & demi d'épaisseur réduits.	75452	27
SOMME. 187299 19	La partie de Canal en suivant jusqu'à l'entrée de la vallée de Rallon, sera partie en excavation de pierre vive, & partie en maçonnerie avec deux égouts par dessous le Canal.	111840	26

Réaux.   Marav.

CHAPITRE III.

La partie de Canal qui suit dans la vallée de Rallon aura mille toises de long en bon terrein.   22500

La partie de Canal ouvert en tranchée jusqu'à l'aqueduc pour croiser la riviere Raigadas, aura sept cents soixante douze toises en bon terrein, avec les escarpemens proportionnés à la hauteur de la tranchée.   77200

Le pont aqueduc de maçonnerie & pierre de taille pour croiser la riviere Raigadas de trois arches avec ses éperons, contreforts, bajoyers & murailles de défense en aîle, aura quatorze toises de long.   191725   13

Réaux.   Marav.

SOMME.

477237   29

Les deux chauffées de réunion des francs bords du Canal avec les bajoyers de l'aqueduc, faites en terres rapportées, battues par lits d'un pied & reglés sur la pente naturelle, auront de long ensemble cent quatre-vingts cinq toises de long.   185812   16

CHAPITRE IV.

LA prise pour la réunion du petit ruisseau Raigadas avec la muraille pour couper les filtrations de ladite riviere, & son reversoir.   10080   24

Un autre reversoir pour l'entrée de ces eaux dans le Canal, avec ses pilots & radiers & correspondans.   1754   8

Le Canal de jonction depuis la prise de Raigadas jusqu'à l'aqueduc, aura de long deux cents cinquante-cinq toises, une toise de large réduit, & trois pieds de profondeur.   1530

SOMME.

15937   22

Dessous cette partie de Canal un égout d'une arche de cinq pieds de diametre, avec un contrefossé pour y amener les eaux de la campagne.   2572   24

CHAPITRE V.

L'ENTRÉE de la mine sous la côte du Sabinar, en maçonnerie, aura quatre toises trois pieds quatre pouces de profil ou ouverture.   9254   10

LA mine dessous ladite côte du Sabinard de même profil que l'entrée, aura mille cinquante toises de long, avec ses puits & lucarnes.   523800   28

La sortie de ladite mine.   9254   10

LA partie de Canal ouvert en tranchée depuis la sortie de ladite mine jusqu'à la réunion de la riviere Castril de quatre cents quatre-vingts toises de long avec l'escarpement réduit & proportionné à la hauteur de la tranchée.   18000

SOMME.

560309   14

CHAPITRE VI.

LA prise de la riviere Castril aura de long neuf toises, sur cinq pieds de haut, & quatre pieds & demi d'épaisseur réduite, le tout de maçonnerie & pierre de taille établie sur le terrein ferme.   15639   20

La petite prise du ruisseau (C.)   3813   9

La partie de Canal pour conduire ledit ruisseau (C.) à la grande prise (A.) de quatre cents cinquante toises de long, partie en pierre vive & le surplus en maçonnerie, sur six pieds de large réduit.   27960

La partie de Canal depuis la prise de Castril jusqu'à l'entrée dans le champ de Tuvos aura trois mille toises de long, & deux toises de profil réduit dans un terrein difficile.   324000

	Réaux.	Marav.

La petite prise pour le troisieme ruisseau (D.) . . . . . — 5813 9

La partie de Canal pour conduire ledit ruisseau (D.) au Canal principal de Castril aura trois cents vingt toises de long. — 19660 14

L'aqueduc en bois pour croiser & porter ce ruisseau par dessus la riviere de Castril. — 540000

Dans la partie de Canal depuis la prise (A.) jusqu'à l'entrée du champ de Tuvos, quatre grands égouts & trois petits. — 301060 2

Reaux. Marav.
S O M M E.
1239946   20

CHAPITRE VII.

La partie de Canal dans le champ de Tuvos aura de long quinze cents vingt-une toises avec le même profil ci-dessus en bon terrein. — 60420

Dans ladite partie de Canal une petite prise pour les eaux de la petite fontaine de Tuvos avec son reversoir d'entrée & un autre de sortie dans le franc bord de l'autre côté du Canal. — 8723 18

S O M M E.
69143   18

CHAPITRE VIII.

La partie du Canal depuis le champ de Tuvos jusqu'à la réunion au Guardal dans le champ Fiqué, aura de long huit mille deux cents soixante-dix-neuf toises, la majeure partie en bon terrein, le surplus en terre ferme. — 248370

Dans ladite partie de Canal un grand égout pour les eaux du ravin de Duda. — 95862 23

Un grand pont aqueduc de trois arches pour conduire les eaux de Castril par dessus le lit du Guardal. — 383450 26

Un autre dessus le ravin de la Croix de fer. . . . ; . — 17017

Dans la même partie de Canal, en côtoyant la montagne de Duda jusqu'audit pont aqueduc, cinq petits égouts, d'une arche de cinq pieds de diametre avec les contrefossés pour y amener les eaux. — 32863 18

Dans la même partie de Canal en côtoyant Marmolanze au delà du grand pont aqueduc, trois égouts d'une arche de cinq pieds de diametre avec leurs contre fossés. — 19718 4

S O M M E.
797282   3

CHAPITRE IX.

La partie de Canal dans le champ Fiqué depuis le point de réunion des deux rivieres, aura mille cinquante toises de long en bon terrein. — 70000

Dans ladite partie, un reversoir d'entrée pour les eaux de Toralva avec un autre de sortie dans l'autre franc bord en face. — 3508 16

Le nétoyage & recreusage du Canal de Toralva, pour l'augmentation des eaux, aura trois mille sept cents cinquante toises de long & six pieds de profil. — 7500

Le pont aqueduc pour croiser le Canal principal par dessus le ravin de Toralva. — 34034

Un pont pour le grand chemin au-dessus du Canal. . . . — 14640

S O M M E.
129682   16

CHAPITRE X.

La partie du Canal qui côtoye la montagne du Mort, aura de long quatre mille huit cents une toises, & un profil de trois toises superficielles dans un terrein dur. — 1828343

Dans

	Réaux.	Marav
Dans cette partie au franc bord supérieur un contrefossé pour conduire les eaux de la montagne aux égouts pratiqués dessous le Canal.	22814	
Dans cette partie de Canal, huit égouts d'une arche pour passer les eaux de la montagne sous le Canal.	15577	20
Pour l'introduction des eaux de la fontaine Montilla & partie de la riviere Seche, on fera un reverfoir d'entrée & un autre de fortie femblable à celui du Canal de Toralva.	3508	16
Le nétoyage & recreufage du canal de la fontaine Montilla de quatre mille fix cents vingt toifes de long & quinze pieds de profil.	23100	
Un grand pont aqueduc de huit cents cinquante toifes de long, avec les nombres d'arches proportionnés à cette longueur, cinq toifes d'élévation réduite, avec fes bajoyers & quatre toifes quatre pieds d'épaiffeur auffi réduite.	4437000	

Réaux. Marav.
SOMME.
6330342 2

CHAPITRE XI.

	Réaux.	Marav
La partie du Canal en fortant du pont aqueduc, jufqu'au baffin d'embarquement géneral, aura dix-fept cents toifes de long, fur le même profil que l'autre partie ci-deffus, en mauvais terrein.	409436	
Dans cette partie, au franc bord fupérieur du Canal, un contre-foffé pour conduire les eaux de la montagne, aux égouts pratiqués fous le Canal.	11025	
Dans cette partie, trois égouts d'un arceau. . :	2887	12
La fouille du baffin d'embarquement de deux cents toifes de long, & cinquante toifes de large réduit.	83331	23
La digue dudit baffin d'embarquement, de deux cents toifes de de long, en terre battue, par lit d'un pied, fe fera avec les terres provenant de la fouille dudit baffin.	25000	
Dans ladite digue dudit baffin, un égout & un déchargeoir, pour le vuider de fond.	2572	24

SOMME.
534252 25

CHAPITRE XII.

	Réaux.	Marav
Le Canal, au fortir de ce baffin, fuivra jufqu'à la mine de Toparès, & aura douze mille quatre-vingt-dix-neuf toifes de long, dont on déduit, premierement, quarante-deux toifes pour l'emplacement de trois éclufes; & fecondement, cent quatre-vingt-cinq toifes de long, pour une chauffée en terres rapportées & battues, il reftera onze mille huit cents foixante-douze toifes de long, de fouille, en bon terrein, avec un profil de cent vingt pieds fuperficiels.	791660	
Les trois éclufes, avec tout leur attirail, machines, radiers, pilots, grillages, portes & ferrures.	199227	3
La chauffée de terres battues, avec fes francs-bords, de cent quatre-vingts-cinq toifes de long.	185812	16
Un pont pour le grand chemin de la Puebla & Caravaca, au-deffus du Canal.	14640	
Dans cette partie de Canal, trois égouts d'un arceau, avec leurs contre-foffés.	19718	4
La branche d'arrofage qui paffe à Élobrega, aura de long feize mille toifes, & coûtera en tout.	480000	

SOMME.
1691057 23

Réaux: Marav;

CHAPITRE XIII. La partie de Canal ouverte en tranchée, jufqu'à l'entrée de la mine, aura cent foixante-huit toifes de long, avec l'efcarpement proportionné à la hauteur de la tranchée.   47040

L'entrée de la mine, deffous la vallée du Théatin, en maçonnerie.   18508   20

La mine deffous la vallée du Théatin, aura de long, cinq mille deux cents quatre-vingt-treize toifes fur un profil deux cents quatre-vingt-huit pieds de fuperficie, avec fes puits & lucarnes, pour faciliter l'excavation & tranfport des terres.   3038420

La fortie de la mine, femblable à l'entrée.   18508   20

La partie de Canal ouverte en tranchée, depuis la fortie de la mine, aura trente-neuf toifes de long, avec fes efcarpemens proportionnés.   10920

Depuis la fortie de la mine de Toparès, jufqu'à la prife auprès de Lorca, le Canal aura vingt-un mille toifes de long, partie dans le lit naturel du ravin que l'on nettoyera, partie en Canal, pour redreffer fon cours & affurer la navigation.   1554860

Dans ce grand ravin on établira neuf murailles de réfervoirs, qui coûteront, l'une dans l'autre, quatre-vingt-dix-fept mille neuf cents vingt réaux, les neuf enfemble.   881280

A chacune des huit premieres murailles, on pratiquera deux éclufes, avec tous leurs agrès, pour le paffage des barques, flet des bois, & autres navigations.   1062554

Réaux.   Marav.
S O M M E.
6632091   6

CHAPITRE XIV. Pour conduire les eaux de la campagne de Caravaca, on nettoyera & recreufera le lit des fontaines de ladite campagne.   41008

Une partie de Canal ouverte en tranchée, de deux cents foixante toifes de long, pour introduire ces eaux dans la mine, fous la côte de Lorca, avec fon efcarpement proportionné à la hauteur de la tranchée.   9750

L'entrée de la mine fous la côte de Lorca, de cinquante-quatre pieds de profil.   4627   5

La mine fous la côte de Lorca, aura douze cents toifes de long, fur le même profil, avec fes puits & lucarnes.   90000

La fortie de la mine femblable à l'entrée. : . . .   4627   5

En fortant de la mine, une partie du Canal ouverte en tranchée, de trois cents vingt-cinq toifes de long, avec fes efcarpemens proportionnés.   12187

La partie de Canal pour la conduite defdites eaux, jufqu'à leur réunion au Canal principal, aura dix-huit mille cent vingt-cinq toifes de long, avec un profil de trente-fix pieds réduit, partie en bon terrein, & partie en nettoyage & recreufage, du lit naturel du ruiffeau Turillas.   362500

Dans cette partie de Canal, deux ponts pour les grands chemins, au-deffus du Canal, enfemble.   34034

Cinq égouts d'un arceau, pratiqués deffous le Canal, avec les contre-foffés.   12861   18

S O M M E.
603793   28   Les autres ouvrages de maçonnerie, murailles, cales, & autres pour couper les filtrations.   32199

Réaux. Marav.

CHAPITRE XV.

	Réaux.	Marav.
La partie de Canal, depuis la derniere muraille de réfervoir du grand ravin, laquelle fervira de prife pour introduire toutes les eaux, ainfi réunies dans ledit Canal principal de navigation, aura fept mille cinq cents toifes de long, fur un profil de deux cents feize pieds, jufqu'à la mine de Saint Clément, tout en bon terrein, & de facile excavation.	1350000	
Dans cette partie de Canal deux grands aqueducs, pour paffer deffous le Canal, les eaux du ravin de Lerna, & d'un autre ravin de Serrata; comme le grand chemin eft établi dans ces ravins, ces deux ponts feront en même temps pour le paffage defdits chemins fous le Canal, chacun d'eux aura fes digues & francs bords de jonction en terre battue, avec les bajoyers de la maçonnerie, comme l'aqueduc de Raigadas; les deux enfemble.	755075	24
Dans cette partie de Canal, fept petits égouts d'un arceau, de de quatre pieds de diametre, avec les contre-foffés; enfemble.	18008	32
La tranchée pour l'entrée de la mine, avec fes efcarpemens, aura cinquante-fix toifes de long.	15680	
L'entrée de la mine, deffous le côteau de Saint-Clément, de quatre cents trente-deux pieds de profil.	27762	
La mine deffous ledit côteau, de neuf cents toifes de long, de même profil, avec fes puits & lucarnes.	648000	
La fortie de la mine femblable à l'entrée.	27762	

Réaux. Marav.
SOMME.
2842288   22

CHAPITRE XVI.

	Réaux.	Marav.
La fouille du baffin d'embarquement de Lorca.	83331	23
Le reverfoir de divifion pour la branche de Canal d'arrofage de la campagne de Lorca.	7016	32
La branche de Canal pour l'arrofage de la campagne de Lorca, aura, depuis la fortie de l'embarquement, jufqu'à la montagne du Saladillo, cinquante mille toifes de long, avec un profil de quarante-huit pieds réduit.	1639992	
Un grand pont aqueduc pour croifer cette branche de Canal, par deffus la riviere de Lorca.	755075	24
Dans cette partie de Canal, fix grands égouts & ponts aqueducs, deux comme celui de Raigadas, avec fes chauffées de jonction & contre forts.	755075	24
Les quatre autres plus petits & femblables à ceux du ravin de Toralva; enfemble.	136136	
Dans la même partie de Canal d'arrofage, neuf petits égouts d'un arceau, de cinq pieds avec fes contre-foffés; enfemble.	23154	12
Dans la même partie de Canal, cinq ponts pour les grands chemins.	7 200	
Sept autres plus petits.	68320	
Trois voûtes ou aqueducs fupérieurs au Canal, pour paffer les eaux des montagnes au-deffus du Canal.	21960	

SOMME.
3563.62   13

CHAPITRE XVI.
bis.

	Réaux.	Marav.
La partie de Canal de navigation & d'arrofage, au fortir du baffin d'embarquement de Lorca jufqu'à Totana, aura de long, neuf mille fix cents toifes, avec un profil de cent foixante-huit pieds fuperficiels.	1344000	
Dans cette partie un pont aqueduc, femblable à celui de Raigadas.	377537	29

Trois autres semblables à celui de Toralva.

Dans la même partie de Canal, trois grands ponts pour les grands chemins.

Un aqueduc supérieur pour les eaux de la montagne. . . .

Cinq égouts d'un arceau, de cinq pieds de diametre, avec ses contre-fossés.

	Réaux.	Marav.
	102102	
	43920	
	7320	
	32863	18

Réaux.	Marav.
SOMME.	
1907743	13

CHAPITRE XVII. La partie de Canal de navigation & arrosage, depuis Totana jusqu'au territoire d'Alama, aura quatre mille neuf cents toises de long, avec le même profil que la partie précédente, en bon terrein.

Dans cette partie de Canal un grand pont aquéduc pour croiser le Canal par-dessus le lit de la riviere de Lorca.

Deux chauffées de réunion audit pont aquéduc en terre battue, réglé par lit, avec ses francs bords & pentes naturelles, auront ensemble mille sept cens huit toises de long, réduit.

Dans la même partie trois ponts de grands chemins . . . .

Deux égouts d'un arceau, de cinq pieds de diametre . . . . . .

Le reversoir de division pour la branche du Canal d'arrosage du territoire de Levrilla & autres.

Cette branche de Canal d'arrosage étant indéterminée, on compte provisionnellement six mille deux cens cinquante toises de long, avec un profil de quarante-huit pieds, réduit comme celui de la campagne de Lorca, & dans la même proportion.

L'autre branche de navigation & arrosage, depuis cette division jusqu'à l'entrée de la campagne de Murcie, aura six mille deux cent cinquante toises de long, sur un profil de soixante-huit pieds superficiels.

Dans cette partie de Canal deux grands égouts, semblables à celui de Toralva, ensemble.

Dans cette même partie, quatre égouts d'un arceau, avec ses contre-fossés.

	Réaux.	Marav.
	685980	
	755075	24
	240960	
	43920	
	19718	
	7016	32
	444530	23
	875930	
	68068	
	26290	26

	Réaux.	Marav.
SOMME.		
3167490	3	

CHAPITRE XVIII. Le reversoir de division pour les deux branches des campagnes de Murcie & Carthagene.

La branche de Canal d'arrosage pour la partie du midi de la campagne de Murcie, aura de long douze mille cinq cens toises, avec un profil de soixante pieds superciels, réduits en bon terrein.

Dans cette partie de Canal, quatre ponts de grand chemin . . . .

Dans cette même partie, un pont aquéduc pour les eaux du ravin de l'Albujon, semblable à celui de Toralva.

Dans la même partie, sept égouts d'un arceau de cinq pieds de diametre, avec ses contre-fossés.

L'autre branche de Canal de navigation & arrosage, depuis cette division jusqu'aux hauteurs Saint-Antoine, aura onze mille deux cens cinquante toises de long, avec un profil de cent vingt pieds superficiels,

Dans cette partie de Canal, trois ponts de grands chemins . . . .

Un grand pont aquéduc, semblable à celui de Raigadas, pour croiser le ravin de Fuente Alamo.

	Réaux.	Marav.
	14033	30
	624390	
	68560	
	34034	
	46008	31
	1500000	
	53920	
	377537	29

	Réaux.	Marav.
Dans la même partie deux égouts, un pour le ravin de la montagne du Saladillo, & un autre à côté.	68068	
Deux autres petits égouts, d'un arceau de cinq pieds de diametre, avec ſes contre-foſſés.	13145	13
Dans la même partie, auprès du reverſoir de diviſion, quatre écluſes, avec tous leurs agrès pour la navigation.	265636	

Réaux. Marav.
Somme.
3065334   1

Chapitre XIX.

	Réaux.	Marav.
Le reverſoir de diviſion pour la branche de navigation juſqu'à Carthagene, & celle d'arroſage du reſte de la campagne.	14033	30
La branche de Canal de navigation aura trois mille cinq cens vingt-cinq toiſes de long, avec un profil de cent huit pieds de ſuperficie.	375000	
Dans cette partie de canal de navigation, un pont de grand chemin, & un autre pour la promenade de Sainte-Lucie.	34200	
Deux grands égouts pour les eaux des hauteurs de Saint-Antoine.	68068	
Dans la même partie, trois autres petits égouts d'un arceau de cinq pieds, avec ſes contre-foſſés.	19718	4
Dans la même partie, ſix écluſes pour deſcendre au baſſin d'embarquement dans le port même de Carthagene; leſdites écluſes avec tous leurs agrès.	398454	
L'excavation dudit baſſin d'embarquement	83331	23
La muraille ou chauſſée de défenſe pour la ſortie dudit baſſin, avec ſes agrès.	97920	
L'autre branche pour l'arroſage du reſte de la campagne, aura douze mille ſept cens toiſes de long depuis la diviſion faite ſur les hauteurs de Saint-Antoine juſqu'au cap de Palos, avec un profil de quarante-huit pieds ſuperficiels, réduits.	677320	
Dans cette partie de Canal, quatre ponts de grands chemins . . .	68560	
Dans cette même partie deux petits égouts ſous le Canal, avec leurs contre-foſſés.	13146	13
Quatre voûtes pour paſſer les eaux des montagnes deſſus le Canal, & pour ſervir en même-temps de pont de paſſage.	34280	

Somme.
1884112   2

Chapitre XX.

La dépenſe des Ouvrages cités dans ce Chapitre ne peut point être renfermée dans le préſent devis, puiſqu'ils appartiennent à un Projet poſtérieur à celui-ci.

Chapitre XXI.

	Réaux.
Le nombre des reverſoirs, déchargeoirs, vannes d'arroſages, & leurs agrès, que l'on doit établir dans les francs-bords du Canal, ne peut être déterminé qu'au temps & moment de l'exécution; cependant on peut les évaluer au nombre de quatre-vingts, qui l'un dans l'autre, grands & petits, ſont eſtimés 14000 réaux; les quatre-vingts enſemble.	1,120000

Somme.
112.0000

Les autres ponts de grands chemins, voûtes, égouts, grands & petits, ſont détaillés & placés dans ce devis, avec la dépenſe qui leur correſpond.

RÉCAPITULATION

DE LA DÉPENSE DE CHAQUE CHAPITRE, OU DIVISION DU CANAL.

CHAPITRE.			
1	Les prifes de Guardal	28566	19
2	Le rocher de pierre vive en fuivant	187293	19
3	La vallée de Rallon & aquéduc	477237	29
4	La réunion du Raigadas	15937	22
5	La mine du champ Fiqué	560309	14
6	Pour la Premiere partie	1239946	20
7	branche Seconde partie	69143	18
8	du Caftril. Troifieme partie	797282	3
9	Réunion dans le champ Fiqué	129682	16
10	Montagne du Mort & champ de Jubrena	6330342	2
11	Baffin d'embarquement de Huefcar	534252	25
12	Champ de Vjejar	1691057	23
13	Mine de Topares & grand ravin	6632091	6
14	Champ de Caravaca	603793	28
15	Du grand ravin jufqu'à Lorca	2842288	22
16	La campagne de Lorca	3563262	13
16	En cotoyant l'autre partie jufqu'à Totana	1907743	13
17	Territoire d'Alama & Fuente Alamo	3167490	3
18	Champ de Murcie	3065334	1
19	Champ de Carthagene	1884112	2
20			
21	Les reverfoirs & vannes d'arrofage	1120000	

36,847167	26

A quoi il convient d'ajouter, pour le chapitre des accidens & chofes imprévues, la fixieme partie de la dépenfe. ... 6,141194 — 21

Somme totale . . . . 42,988362 — 13

'A la dépenfe des Ouvrages il faut ajouter, pour les frais de régie des deux Directions de Madrid & Lorca, appointemens des Ingénieurs, Infpecteurs, Chefs d'Atteliers, Gardes-Magafins, & autres Employés, qu'on eftime pouvoir monter chaque année à réaux veillon 550360, fauf la fixation à faire par le Confeil des appointemens, qu'il a renvoyée au temps de l'exécution; ce qui fera pour les dix ans de conftruction, ci . . . . réaux veillon, 5503,600

A quoi la dépenfe du Canal détaillée étant ajoutée 42,988,362

Forme en tout la fomme totale de réaux veillon, 48,491,962

Faifant la fomme de 12,122,990 livres dix fols argent de France.

É T A T

DU PRODUIT ET DE L'ENTRETIEN
DU CANAL ROYAL DE MURCIE.

Suivant la Cédule de Sa Majefté Catholique & de fon Suprême Confeil de Caftille, en date du 4 Juin 1775, les terres qui pourront s'arroger, forment une étendue de terrein de 450000 fanegues, chacune de 31740 pieds quatrés de France, de
fuperficie.

Quoique l'on ne foit pas dans l'ufage en Efpagne, de laiffer repofer les terres toutes les deux années, pour ne point s'écarter des termes défignés à l'article L. de la Cédule, qui fuppofe qu'elles feront femées une année & fe repoferont la fuivante, la
Compagnie ne fixera fon calcul que fur la moitié du terrein fufceptible d'arrofage,
c'eft-à-dire, fur 225000 fanegues femées chaque année.

La fanegue de terrein femé rapporte, fuivant l'ufage univerfellement connu dans
le Royaume de Murcie, aux environs de 36 fanegues de bled ; dont chacune pefe
cent livres, les terres n'étant point arrofées, mais en fuppofant un peu de pluie ; cependant, quoiqu'il y ait lieu de fe flatter que les terres étant réguliérement arrofées
produiront beaucoup plus, la Compagnie, pour éloigner toute lueur d'illufion, réduit encore ce produit à 18 fanegues, c'eft-à-dire, à 1800 livres pefant de bled par
fanegue de terrein femé, d'où il réfulte que 225000 fanegues de terre femées produiront 4050000 fanegues de bled.

La Compagnie eft autorifée par la fufdite Cédule, de prélever fur toutes les récoltes felon le tarif ci-après, favoir ;

Pendant les trente premieres années, la fixieme partie des grains & la huitieme
partie des autres fruits.

Pendant les vingt-cinq années fuivantes, la feptieme partie des grains & la neuvieme
partie des autres fruits.

Pendant les vingt-cinq années fuivantes, la huitieme partie des grains & la dixieme
partie des autres fruits.

Et pendant les trente dernieres années, la dixieme partie des grains & la onzieme
partie des autres fruits.

On vient de fuppofer que toutes les terres font femées en bled, cependant on feme
beaucoup d'orge en Efpagne ; mais bien loin que cette fuppofition puiffe diminuer la
valeur du produit, on peut affurer qu'elle eft plutôt augmentée par la récolte des or-
ges, foit parce que le produit de l'orge enfemencé rend ordinairement plus du double
en mefure que le bled, & que le prix eft conftamment au-deffus de la moitié de celui
du bled, foit parce que les beftiaux en font une très-grande confommation qui fou-
tient le prix. De plus, on ne tire aucune valeur en-dehors pour la paille, quoiqu'elle
foit d'une valeur très-effentielle en Efpagne, où il n'y a point d'autre fourrage pour
nourrir les mules, chevaux, ânes, bœufs, &c.

En fe réduifant à une année commune pour les cent dix ans (feulement pour ce
compte), d'un huitieme de droits d'arrofage par année, la Compagnie aura fur le
produit de 4050000 fanegues, 506250 fanegues de bled de cent livres chacune.

La fanegue de bled vaut année commune en Efpagne, 45 réaux veillon, & lorfque
le prix eft à 32 réaux, l'exportation en eft permife : ce qui prouve fans préfomption

que c'eſt le plus bas prix ſur lequel on devroit fixer l'état du produit; mais comme l'abondance pourroit par la ſuite des tems en faire baiſſer le prix, la Compagnie ne fixera ſon compte que ſur 28 réaux veillon, faiſant ſept livres argent de France, cè qui établiroit le ſeptier de Paris peſant 240 livres, à ſeize livres ſeize ſols. Le Royaume de Murcie pouvant à l'avenir faire tranſporter par le Canal toutes ſes productions dans la Méditerranée, on peut bien préſumer que les prix ſe ſoutiendront dans une fixation ſi modique.

Les 53 varres de terrein faiſant 11160 fanegues, données en toute propriété & à perpétuité à la Compagnie, repréſentent, comme on l'a vu, un capital de 16740000 l. en le paſſant à moitié-valeur. Les plantations d'oliviers & les autres productions de ce terrein étant au bord du Canal ſeront ſoigneuſement arroſées, & produiront au moins dix pour cent par an; mais on ne les tire en-dehors que pour cinq pour cent, ci . . . . 837000 liv.

506250 fanegues de bled, produit des arroſages, à 7 liv. la fanegue, produiront 3543750

La ſeconde récolte, conſiſtant en pois, haricots, feves, gros millet, bourdes, barilles, ſalicor, chanvres, lins, ſafrans, &c. dont les droits d'arroſages ſont d'un huitieme, neuvieme, dixieme & onzieme partie de la récolte, doit produire au moins la moitié de la premiere récolte; mais la Compagnie, en y joignant encore le produit de la Navigation & de la Pêche, celui des Moulins de toutes eſpeces, qui ſeront établis le long du Canal, réduit cette immenſité d'objets à un tiers de récolte, ci . . . . 1181250 liv.

Produit annuel en argent de France, . . 5562000 liv.

A DÉDUIRE.

Paiement des eaux appartenant à la Ville de Lorca, que le Roi a accordées à la Compagnie, pour les joindre à ſon Canal, à la charge de payer annuellement la ſomme de . . . . . 37500 liv.

Entretien annuel du Canal, frais de perception, appointemens des Employés, portés au double de l'état qui en a été dreſſé . . . . 587500 liv.

Intérêts de l'Emprunt de quinze millions qui s'éteindra annuellement depuis la neuvieme année, mais que la Compagnie conſidere ici en plein & au plus haut intérêt de douze pour cent, faiſant 1800000 liv. qu'elle paſſe à cauſe des frais, à . . . . 2000000 liv.

2625000 liv.

Reſte net de produit annuel . . . . 2937000 liv.

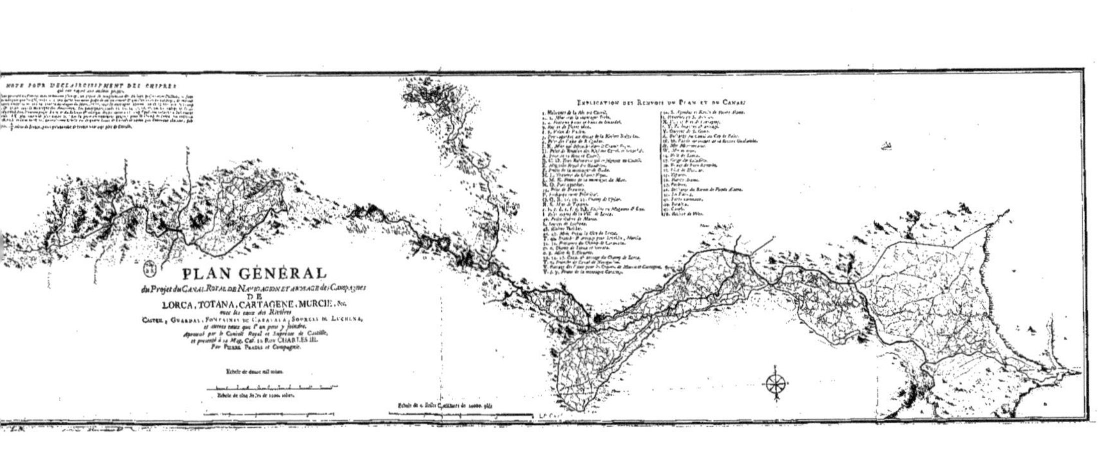
PLAN GÉNÉRAL
du Projet du Canal Royal de Navigation et Arrosage des Campagnes
DE
LORCA, TOTANA, CARTAGENE, MURCIE, &c.
avec les eaux des Rivieres
Castel, Guardal, Fontaines de Caravala, Sources de Luchena,
et autres eaux que l'on peut y joindre.
Approuvé par le Conseil Royal et Suprême de Castille,
et présenté à sa Mag. Cat. le Roy CHARLES III.
Par Pierre Pradis et Compagnie.
Echelle de douze mil toises.
Echelle de cinq lieües de 5000 toises.
Echelle de 4. lieües Castillanes de 20000 pieds.
EXPLICATION DES RENVOIS DU PLAN ET DU CANAL

QUOI réellement, Monsieur, la sûreté de l'emprunt fait par la Compagnie
du Canal de *Murcie*, devient chez vous la matiere d'un doute? On a cherché dites-
vous, à répandre des nuages dans votre esprit sur cette entreprise ; & vous ne me
les communiquez pas? Est-ce l'inquiétude de l'exécution du Canal? Est-ce celle de
de son produit? Se défie-t-on de la fidélité des préposés à la régie & à la recette?
Craint-on que l'hypothéque ne soit pas solide? Voilà je crois, à-peu-près, tous
les motifs qui peuvent faire balancer dans les spéculations de ce genre : je vais les
discuter & les détruire tous.

A l'égard de l'hypothèque, jamais il n'y en a eu de plus solemnelle, de plus
authentique; elle est garantie par une Cédule en bonne forme de Sa Majesté Catholique;
l'Héritier présomptif de la Couronne, M. le Prince des Asturies, est au nombre
des Actionnaires, ainsi que son Auguste épouse ; comme simple particulier, il est
caution des débiteurs ; comme appellé à la Souveraine Puissance, il en seroit le
surveillant. Que peut-on redouter quand on voit le Prince regnant & son Succes-
seur fortifier, munir de leurs noms & de leur intervention personnelle des engagemens d'ailleurs si utiles, & si bien confirmés ?

Mais, dira-t-on, ces Princes ne garantissent aux Prêteurs que la sûreté qui peut
résulter du produit du Canal: si le Canal n'est pas exécuté, il ne rendra pas de produit;
& s'il n'est pas fructueux, l'hypothèque est illusoire: voici ma réponse.

Si le Canal s'exécute, il sera utile ; on en convient : on ne peut pas douter que sous
le climat d'Espagne, & de *Murcie* sur-tout, des terres naturellement fertiles, dont
la séchereffe seule tarit ou suspend la fécondité, ne prodiguent des trésors dès qu'une
eau abondante viendra les vivifier. Or, comment peut-on même craindre que le
Canal ne s'exécute pas ?

Seroit-ce par l'impossibilité physique ? Tous les nivellemens sont faits; tous les
travaux tracés, toutes les mesures prises; la nature elle-même semble avoir préparé
les lieux pour ce grand ouvrage ; neuf lacs disposés sur la route que le Canal doit
parcourir, sont des réservoirs tout faits pour amasser, dans les temps de pluie, les
richeffes destinées à combattre l'aridité ; il ne s'agit que de fermer ces magasins
précieux pour en faire usage. Quant aux excavations, on a déjà fouillé le terrein
sur toute la ligne : il ne s'y est pas rencontré un seul obstacle, à l'exception de
quelques espaces reconnus, estimés, & où l'on sçait ce qu'il en coutera au juste pour
enlever les roches : l'industrie des ouvriers n'aura qu'à perfectionner ; elle ne trouvera
rien à vaincre.

Appréhende-t-on que les travaux ne soient abandonnés faute de fonds ? Mais les
devis sont faits ; le prix de tous les ouvrages est connu & fixé; il est au-dessous
de ce que doit fournir l'emprunt. Il y a plus : supposons que par un hazard imprévu,
toutes les mesures de la prudence soient ici trompées, & que la dépense excéde
l'estimation ; en ce cas-là même qu'ont à craindre les Prêteurs? Le Canal en rendra-
t-il moins le produit qui doit les tranquillifer? Non certainement. Qu'on y pense:
ce n'est point ici un Canal de navigation simplement. Pour ceux-là, comme le service
qu'ils rendent dépend de leur entier achevement, il est sûr qu'une partie manquée
ou différée, en rend la totalité inutile & onéreuse.

Mais un Canal d'arrofage, un Canal qui eft plus précieux encore par la vie qu'il répand fur fes bords, que par le fecours qu'il offre au commerce, un Canal confacré plus particulierement à faire naître l'abondance qu'à la voiturer, n'eft pas dans ce cas : il répand par-tout fes bienfaits à mefure qu'il avance ; chaque toife dont on le prolonge eft une augmentation folide & fructueufe : à quelque part qu'on l'arrête, il fuffit pour indemnifer des dépenfes paffées, & pour ouvrir des reffources aux dépenfes futures. Le premier, jufqu'à la perfection, a fans ceffe befoin de fecours étrangers ; le fecond fe perfectionne en s'alimentant lui-même. Vous voyez donc, Monfieur, que vos doutes ne peuvent avoir aucune efpèce de fondement. Dès que le Canal fera ouvert, & l'on y travaille, il eft l'hypothèque la plus conftante, la plus à l'abri de toutes les efpeces d'accidens.

Je ne parle pas des produits de ce Canal, regardé fimplement comme un moyen de fertilité ; il n'y a perfonne qui ne fçache que les terres du Royaume de *Murcie* font au nombre des meilleures de l'Europe ; l'eau feule y manquoit : par la conceffion du Roi, la Compagnie acquiert à droite & à gauche du Canal 53 varres Caftillannes de large fur toute fa longueur ; ces deux lignes feront certainement, en tout temps, les mieux arrofées du pays ; ce font celles dont l'exploitation fera la plus facile, dont les productions auront les débouchés les plus prompts & les moins couteux ; ce font donc celles qui offriront aux Prêteurs une caution plus riche & plus folide.

Mais qui leur garantira la fidélité dans l'emploi des fonds, l'intelligence dans l'adminiftration des recettes, l'exactitude dans la remife des arrérages ? A cet égard tout ce que la prudence humaine peut accumuler de précautions a été employé ici : les Prépofés ne peuvent difpofer d'un fou, pour ce qui concerne la dépenfe même de l'entreprife ; les fonds feront remis à Madrid dans la caiffe de la Compagnie, il n'en fera délivré aux Prépofés, réfidant fur les lieux, que les fommes néceffaires, arrêtées par les mémoires des Ingénieurs, qui ne pouvant dans aucun cas rien toucher des deniers, ne pourront être foupçonnés d'en favorifer la diffipation. Ceux qui manieront l'argent ne donneront pas d'ordres, & ceux qui dirigeront les dépenfes n'auront aucune part au payement.

Les ouvrages une fois achevés, l'intérêt même de la Compagnie répondra de fon exactitude pour fe libérer aux échéances. Les Affociés ne pouvant rien recevoir que les arrérages ne foient décidés & prélevés, le Public peut être certain qu'il n'y aura jamais ni retard ni difficulté dans cette portion effentielle du projet. Appréciez, Monfieur, d'après cette légere efquiffe, les allarmes qu'on cherche à vous donner ; & jugez s'il y a jamais eu, dans ces temps modernes, d'emprunts plus faits pour exciter une confiance fans réferve. Je fuis,

MONSIEUR,

Votre très-humble & très-obéiffant ferviteur,

J***.

Madrid, le 7 Décembre 1775.